乡村振兴精品教材

新时代农村人居环境整治与乡村治理带头人

◎ 王春霞　张　英　訾　婷　主编

中国农业科学技术出版社

图书在版编目（CIP）数据

新时代农村人居环境整治与乡村治理带头人／王春霞，张英，訾婷主编. --北京：中国农业科学技术出版社，2023.3
ISBN 978-7-5116-6238-5

Ⅰ.①新…　Ⅱ.①王…　②张…　③訾…　Ⅲ.①农村-居住环境-环境综合整治-研究-中国②农村-群众自治-研究-中国　Ⅳ.①X21②D638

中国国家版本馆 CIP 数据核字（2023）第 051276 号

责任编辑　白姗姗
责任校对　王　彦
责任印制　姜义伟　王思文

出 版 者　中国农业科学技术出版社
　　　　　北京市中关村南大街 12 号　　邮编：100081
电　　话　（010）82106638（编辑室）　　（010）82109702（发行部）
　　　　　（010）82109709（读者服务部）
网　　址　https://castp.caas.cn
经 销 者　各地新华书店
印 刷 者　北京地大彩印有限公司
开　　本　140 mm×203 mm　1/32
印　　张　4.75
字　　数　120 千字
版　　次　2023 年 3 月第 1 版　2023 年 3 月第 1 次印刷
定　　价　39.80 元

前　言

改善农村人居环境，建设美丽宜居乡村，是实施乡村振兴战略的一项重要任务，事关全面建成小康社会，事关广大农民根本福祉，事关农村社会文明和谐。

在中国传统里，治国济世莫不以农村、农民为重。乡村治理，其中一个关键是选好带头人。推动新时代乡村全面振兴，加强和改进乡村治理，必须把党的农村基层组织建设摆在更加突出的位置来抓，选好配强农村党组织带头人，打造一支素质能力突出、廉洁自律的乡村治理带头人队伍。

本书围绕新时代农村人居环境整治及乡村治理展开介绍。主要包括新时代农村人居环境整治的概述、扎实推进农村厕所革命、加快推进农村生活污水治理、全面提升农村生活垃圾治理水平、推动村容村貌整体提升、建立健全长效管护机制、乡村治理带头人的概述、乡村基层党组织建设治理、健全现代乡村治理体系、乡村振兴人才队伍建设、健全城乡融合发展体制机制等内容。本书具有科学性、实用性和可操作性，希望能够为全面提升农村人居环境质量，满足广大农村居民日益增长的美好生活需要提供决策参考。

编　者
2023 年 2 月

目　　录

第一篇　新时代农村人居环境整治

第二篇　乡村治理带头人

第一篇 新时代农村人居环境整治

第一章 新时代农村人居环境整治的概述

第一节 新时代农村人居环境整治的含义

2018 年以来，党中央、国务院部署实施《农村人居环境整治三年行动方案》，取得显著成效。截至 2020 年底，农村人居环境得到明显改善，村庄环境基本实现干净整洁有序，农民群众环境卫生观念发生可喜变化、生活质量普遍提高，为全面建成小康社会提供了有力支撑。

2021 年 12 月，中共中央办公厅、国务院办公厅印发《农村人居环境整治提升五年行动方案（2021—2025 年）》（以下简称《行动方案》）。《行动方案》明确到 2025 年，农村人居环境显著改善，生态宜居美丽乡村建设取得新进步的行动目标，是"十四五"时期进一步改善农村人居环境、加快建设生态宜居美丽乡村的行动指南。

总体目标上，从推动村庄环境干净整洁向美丽宜居升级。着眼于到 2035 年基本实现农业农村现代化，使农村基本具备现代生活条件，坚持因地制宜、科学引导，坚持数量服从质量、进度服从实效、求好不求快，坚持为农民而建，着力打造农民群众宜居宜业的美丽家园。到 2025 年，农村人居环境显著改善，生态宜居美丽乡村建设取得新进步。

重点任务上，从全面推开向整体提升迈进。践行绿水青山就是金山银山的理念，以深入学习浙江"千村示范、万村整治"工程经验为引领，以农村厕所革命、生活污水垃圾治理、村容村貌整治提升、长效管护机制建立健全为重点，巩固拓展三年行动成果，全面提升农村人居环境质量，推动全国农村人居环境从基本达标迈向提质升级。

保障措施上，从探索建立机制向促进长治长效深化。强调完善以质量实效为导向、以农民满意为标准的工作推进机制，构建系统化、规范化、长效化的政策制度，提升农村人居环境治理水平。更加突出农民主体作用，强调进一步调动农民积极性，尊重农民意愿，激发自觉改善农村人居环境的内生动力。

新时代要实现乡村生态宜居，应当从强化顶层设计入手，制定科学合理的规划，同时加大资金投入，完善基础设施，实现技术与模式的创新，为农村人居环境整治提供保障。

第二节　新时代农村人居环境整治现状及六大重点任务

一、新时代农村人居环境整治现状

2021 年 1 月 13 日，农业农村部提出，启动实施农村人居环境整治提升五年行动，是实施乡村振兴战略的具体行动，也是提升农村居民幸福指数的现实举措。但是，在过去的三年农村人居环境整治行动中仍然存在一些问题。例如，当前一些惠农工程或多或少都存在一些问题，即国家公共财政投入在城乡基础设施建设方面仍不平衡、不充分的问题，农民参与农村人居环境治理的内生动力不足等出现"最后一公里"问题，导致农村人居环境还有不尽如人意之处。可见，农村人居环境整治提升五年行动，将成为"十四五"时期乃至实施中长期影响农村生态环境治理的重要举措。

二、新时代农村人居环境整治六大重点任务

1. 开展厕所粪污治理

合理选择改厕模式，推进厕所革命。东部地区、中西部城市近郊区以及其他环境容量较小地区村庄，加快推进户用卫生厕所建设和改造，同步实施厕所粪污治理。其他地区要按照群众接受、经济适用、维护方便、不污染公共水体的要求，普及卫生厕所。引导农村新建住房配套建设无害化卫生厕所，人口规模较大的村庄配套建设公共厕所。加强改厕与农村生活污水治理的有效衔接。鼓励将厕所粪污、畜禽养殖废弃物资源化利用。

2. 梯次推进农村生活污水治理

根据农村不同区位条件、村庄人口聚集程度、污水产生规模，因地制宜采用污染治理与资源利用相结合、工程措施与生态措施相结合、集中与分散相结合的建设模式和处理工艺。推动城镇污水管网向周边村庄延伸覆盖。积极推广低成本、低能耗、易维护、高效率的污水处理技术，鼓励采用生态处理工艺。加强生活污水源头减量和尾水回收利用。以房前屋后河塘沟渠为重点实施清淤疏浚，采取综合措施恢复水生态，逐步消除农村黑臭水体。将农村水环境治理纳入河长制、湖长制管理。

3. 推进农村生活垃圾治理

统筹考虑生活垃圾和农业生产废弃物的利用处理，建立健全符合农村实际、方式多样的生活垃圾收运处置体系。有条件的地

区推行垃圾就地分类和资源化利用方式。开展非正规垃圾堆放点排查，重点整治垃圾山、垃圾围村、垃圾围坝、工业污染"上山下乡"等问题。

4. 提升村容村貌

加快推进通村组道路、入户道路建设，基本解决村内道路泥泞、村民出行不便等问题。充分利用本地资源，因地制宜选择路面材料。整治公共空间和庭院环境，消除私搭乱建、乱堆乱放。大力提升农村建筑风貌，突出乡土特色和地域民族特点。加大传统村落民居和历史文化名村名镇保护力度，弘扬传统农耕文化，提升田园风光品质。推进村庄绿化，充分利用闲置土地组织开展植树造林、湿地恢复等活动，建设绿色生态村庄。完善村庄公共照明设施。深入开展城乡环境卫生整洁行动，推进卫生县城、卫生乡镇等创建工作。

5. 加强村庄规划管理

全面完成县域农村人居环境整治方案编制或修编，与县乡土地利用总体规划、土地整治规划、村土地利用规划、农村社区建设规划等充分衔接，鼓励推行多规合一。推进实用性村庄规划编制实施，做到农房建设有规划管理、行政村有村庄整治安排、生产生活空间合理分离，优化村庄功能布局，实现村庄规划管理基本覆盖。推行政府组织领导、村委会发挥主体作用、技术单位指导的村庄规划编制机制。村庄规划的主要内容纳入村规民约。加强乡村建设规划许可管理，建立健全违法用地和建设查处机制。

6. 完善建设和管护机制

明确地方党委和政府以及运行管理单位责任，基本建立有制度、有标准、有队伍、有经费、有督查的村庄人居环境管护长效机制。鼓励专业化、市场化建设和运行管护，有条件的地区推行统一规划、统一建设、统一运行、统一管理。推行环境治理依效付费制度，健全服务绩效评价考核机制。鼓励有条件的地区探索建立垃圾污水处理农户付费制度，完善财政补贴和农户付费合理分担机制。支持村级组织和农村"工匠"带头人等承接村内环境整治、村内道路、植树造林等小型涉农工程项目。组织开展专业化培训，把当地村民培养成为村内公益性基础设施运行维护的重要力量。简化农村人居环境整治建设项目审批和招投标程序，降低建设成本，确保工程质量。

第三节　新时代农村人居环境整治的对策建议

新时代背景下，要满足农村居民日益增长的美好生活需要，推动乡村振兴，实现乡村生态宜居，农村人居环境整治的必要性、紧迫性、长期性更加凸显。要切实解决农村人居环境整治中存在的突出问题，可以从以下5个方面考虑。

一、强化顶层设计，切实转变工作机制

强化组织领导：为强化党对农村工作的领导，建议在中央层面成立农村人居环境整治工作领导小组。设立领导小组办公室，挂靠农业农村部，负责日常协调工作。省、市、县也成立相应的领导小组及办公室。

建立协调工作机制：由于农村人居环境整治涉及多个部门，而且采取了一系列的项目措施，根据工作的需要，制定部门联动、分工明确的协调推进机制，明确各自的责任，以避免"争政绩、推责任"现象。

实现项目的有效整合：响应党中央、国务院的号召，国家相关部委都开展了相应的农村人居环境整治行动，领导小组办公室应将各部委实施的农村人居环境整治项目进行有效整合，发挥项

目资金的整体效应，同时也避免了各部委将项目"自上而下"下达带来的重复建设、与农村基层需求错位等问题。

二、制定科学合理的农村人居环境整治规划

首先，充分认识到农村人居环境整治规划的重要性。充分认识到制定农村人居环境整治规划对整治工作的引领，避免项目实施的随意性。

其次，制定详细的科学规划。根据村庄不同区位、不同类型、不同人居环境的现状，确定农村人居环境整治重点，明确综合整治的路线图、时间表。

再次，科学核算资金需求规模。根据农村人居环境整治规划，充分考虑农村人居环境整治所需的硬件设施、运营等各种要素，对全国范围内农村人居环境整治所需要的资金规模进行科学核算。根据资金需求规模，在国家层面再制定实施的具体方案。

三、加大资金投入，完善农村人居环境整治设施

首先，加大财政资金投入。根据农村人居环境整治需求，国家层面应加大资金投入力度，一方面用于完善设施，另一方面用于建立运营机制。同时，建议取消配套资金，加大资金使用的监督与审计，发现问题严厉追责。

其次，创新融资机制。建立"政府投入为主，村民支持为辅，积极发挥"社会支持"建设公共设施的多元化投资机制和以村民为主体的公共设施运行维护管理机制，调动村民参与农村人居环境整治的积极性。

再次，建立农村人居环境整治专项资金。农村人居环境整治是一项长期任务，建议在国家层面设立农村人居环境整治专项资金，明确政府的投资主体。同时，鼓励社会团体、企业和个人捐

款或以其他方式积极参与到农村人居环境整治之中。此外,建立和完善适应各地经济水平的地方政府补助机制,作为国家专项资金、社会资金投入的有效补充。

四、实现技术与模式的创新,为农村人居环境整治提供保障

首先,加快已有技术的推广应用。对农村人居环境整治,已经探索出了一些有效的技术,需要加快推广应用,在更大范围内服务于农村人居环境整治。同时,探讨将个体企业成熟的农村生活污水处理技术及设施纳入到国家相关部门推广体系的途径,发挥他们参与污水治理的作用。

其次,加快新技术研发。根据规划所划分的区域,研发农村人居环境整治所需要技术,提高技术的区域适应性,提升农村人居环境整治的效果。

再次,加强相关技术整合。农村人居环境整治所需的技术具有综合性特点,因此,需要加强各种相关技术的整合,更好地服务于农村人居环境的整治。

五、完善机制,推动农村人居环境整治

首先,建立环保设施运营机制。在实施之初,建议政府负责相应设施的运营与维护,然后再逐步过渡到具有专业运营能力的第三方。

其次,建立评估与监督机制。采取第三方参与模式,建立农村人居环境整治的评估与监督机制,对参与农村人居环境整治的利益相关者的行为、治理效果、满意度、存在的问题进行全面科学的评估,以寻求完善农村人居环境整治的途径与措施。

再次,建立有效的参与机制。通过提高农村居民的认知水平,使他们逐步产生相应的责任意识,进而提高农村居民的参与意识,使其积极、主动、全面参与农村人居环境整治的全过程。

第二章　扎实推进农村厕所革命

第一节　逐步普及农村卫生厕所

一、要重视农村改厕

厕所是人们日常生活中必不可少的基本卫生设施。农村改厕就是将农村居民家庭传统的旱厕改造成清洁、卫生、文明的无害化卫生户厕。农村改厕是社会主义新农村建设和农村精神文明建设的现实需要，是改善农村人居环境和控制污染的客观要求，是降低肠道传染病和寄生虫病发病率、提高农民生活质量、保障农民身体健康的有效措施。

1. 少得病

无害化卫生厕所的化粪池可以处理粪便，减少粪便中的细菌、寄生虫及卵，减少环境污染，保护健康。

2. "三个不怕"

上厕所不怕雨淋、不怕太阳晒、不怕老人小孩掉粪坑。

3. "四个少"

苍蝇少、蚊子少、臭气少、污染少。

4. 增加经济效益

经过无害化处理的粪便，氨氮含量高，肥效好，使农作物增产、增收，节省购买化肥的支出。

5. 改善人居环境

连片改厕，取缔旱厕，可以改善家庭和居住地区的环境卫生面貌。

随着农村经济的发展，农民生活水平的提高。一场普及推广卫生厕所的革命已在我国广大农村兴起。

二、农村厕所革命的原则

农村改厕是预防粪源性疾病传播的环境干预措施，改厕目的在于粪便无害化。

因地制宜地选择无害化卫生厕所类型，包括三格化粪池式、三联式沼气池式、粪尿分集式、双瓮漏斗式、双坑交替式和具有完整上下水道水冲式厕所等。

新、改建厕所质量、使用和维护，均应符合《农村户厕卫生规范》（GB 19379—2012）的要求。

新、改建农户住宅时，户厕应与住房建造同步规划、审批、建造、验收。

户厕应建造在室内或庭院内，禁止在水体周边建造厕所，禁止厕所污水直接排入水体。

贮粪池清除的粪渣、沼气池清除的沼渣以及粪便污泥等，应就地或就近进行高温堆肥等方式无害化处理，处理效果必须符合《粪便无害化卫生要求》（GB 7959—2012），禁止直接使用未经过无害化处理的粪便施肥。

在应对自然灾害等特殊需要时，可在粪液、粪渣中直接加入足量的生石灰、漂白粉或含氯消毒剂进行应急消毒处理，处理过程与处理效果必须符合《消毒技术规范》的要求。

提倡粪便无害化后粪液的农业应用，例如，三格化粪池应在第三池清淘粪液；三联式沼气池的沼液应经沉淀后溢流贮存或应用；双瓮漏斗式户厕应在后瓮取粪液等。

当地爱国卫生运动委员会办公室（简称爱卫办）应组织或委托有关部门指派专业技术人员承担新建或改建厕所的技术指导、施工检查、健康教育、粪便无害化效果检测与评价等。

第二节　切实提高改厕的质量

一、农村改厕的位置要求

室外户厕在农村庭院的方位，应本着方便使用的原则，并根据常年主导风向建在居室、厨房的下风侧。室内户厕应与住宅设计和建设统一安排。

户厕内的地坪应高于庭院地坪 100 毫米，以防止雨水淹没。

在上、下水设施完备的地区，宜建节水型水冲式厕所。排出的粪便污水必须进行无害化处理。

在上、下水设施不完备的地区，可因地制宜地建卫生厕所和无害化卫生厕所，如三格化粪池厕所、双瓮漏斗式厕所、三联式沼气池厕所等。

在寒冷地区，应采取保温御寒措施，户厕贮粪池（无害化处理设施）应建在冻土层以下。

二、农村改厕的建造材料的要求

（一）建造材料选择要求

选择的产品与材料应坚固耐用，有利于卫生清洁与环境保护。便器首选白色陶瓷制品，也可选用质量好的工程塑料材料制造的便器；使用水泥制件时，建造材料必须是正规生产厂家的合格产品，具有质量鉴定报告，并保留其复印件。

（二）卫生厕所预制产品要求

安排企业统一生产的预制式贮粪池和厕所设备，其安全性和功能必须经过省级爱卫办组织鉴定。

第三节　厕所粪污无害化处理

一、三格式厕所

（一）建设三格式厕所的必要性

三格式厕所具有环保、卫生、节水、无公害化等特点，通过在厕所底部设置一个储水用的蓄水池，利用下水管道收集村民日常生活的废弃污水，只要用脚踩一下厕所内另设的脚踏板，就能利用压差抽出蓄水池中的水来冲洗厕所。同时，在厕所后设有三格化粪池，第一格收集粪便，与外界空气完全隔离，降低蚊蝇滋生率；第二格密闭发酵，将微生物、寄生虫杀死，有效保证村民饮用水安全，控制肠道疾病的发生率；第三格储粪。三格式厕所在减少废弃水和粪便对环境的污染、节约水资源的同时，还可使处理后的无害粪便成为优质肥料，可谓一举数得。

（二）三格式厕所的原理

三格式厕所设计的基本卫生原理包括：中层过粪；沉淀虫卵；厌氧发酵，降解有机物；降解粪便及杀卵作用。

三格式厕所的第一池主要截留含虫卵较多的粪便，粪便经过发酵分解，松散的粪块因发酵膨胀而升浮，比重大的下沉，因而形成上浮的粪皮、中层的粪液和下沉的粪渣。

第二池起进一步发酵、沉淀作用，与第一池相比，第二池内的粪皮与粪渣的数量减少，因此发酵分解的程度较低，由于没有新的粪便进入，粪液处于比较静止的状态，这有利于漂浮在粪池中的虫卵继续下沉，分解后的细菌，经过厌氧发酵使粪便达到无害化。

第三池主要起储存粪液的作用，经过前两格处理的粪液进入到第三池，基本上已经不含寄生虫卵和病原微生物，达到粪便无害化要求。

（三）三格式厕所的结构

三格式厕所的结构主要由便池蹲位（或坐便器）、过粪管和贮粪池组成。

贮粪池由两根过粪管连通的 3 个格室密封粪池组成，根据 3 个池的主要功能，依此可命名为截留沉淀与发酵池、再次发酵池和贮粪池。三池的格与格之间由过粪管连通，形式多样，有"品"字形、倒"L"形等。过粪管以内径 110 毫米 PVC 塑料管为宜，要求内壁光滑，安装位置得当。

便器以节水、带水封、瓷质蹲便器为宜，第一个厕所化粪池盖板留有进粪口和清渣口，进粪口上安装便器，对于直通式便器，为防止粪水溅起，可下接进粪管，管下端插入粪液以 30~50 厘米为宜。

进粪管可设计成水封式，以防蝇防蛆和防臭。进粪管采用内径为 110 毫米的 PVC 塑料管材，要尽量远离过粪口，并紧贴池壁，以减少水冲力对池内的扰动。在安装便器时可不用水泥固定死，进粪口也可作为清渣口。

洁净卫生纸存放箱、便纸篓、扫帚及刷子、水缸、照明设施等也必不可少。

（四）三格式厕所建设的关键技术

1. 第一、二、三池的容积比例

第一池和第二池的容积不同，对寄生虫卵沉淀的效果有一定的影响，如果第一池的容积过小，粪便滞留的时间短，达不到粪便分解和沉淀的目的，粪便和虫卵便可能进入第二池，增加了第二池的负担，如果第二池容积较小，粪便在第二池的停留时间短，则粪便无害化处理效果就差，一般认为，第一池和第二池的容积比为 2∶1 时较为恰当，因此，三个池的比例一般应为2∶1∶3，第一池贮存 20 天，第二池贮存 10 天，第三池贮存30 天。

2. 过粪管的位置

第一池到第二池过粪管下端（即粪液进口）位置在第一池的下 1/3，上端（即粪液出口）在第二池距池顶 100~200 毫米；第二池到第三池过粪管下端位置在第二池中部 1/2 处，上端在第三池距池顶 100~200 毫米。过粪管与隔墙的水平夹角应呈 45°。

3. 建筑要点

防渗漏。渗漏是三格式厕所最易出现的问题，因为化粪池在地下，受地下水浸泡，粪便的腐蚀性也很强，渗漏不仅直接影响厕所的使用，也易造成对周围土壤等的污染，因此，三格式厕所对砖、水泥质量和砂浆配比等建材的要求比较高，建筑工艺应严格把关。建池时，池的基础应与相邻原建筑物基础保持一定距离。开挖池坑时，如土质较好，则采用直壁开挖，使砖块紧贴坑壁砌筑，如土质较差或有地下水，则采用有一定坡度的放坡开挖，并留≥15 厘米的回填宽度。

粪池砌体安装完工后，回填土时应将粪池盖盖好，再回填土并分层夯实。

粪池的上沿要高出地面 10 厘米，防止雨水流入粪池。

池盖大小要适宜，便于出粪清渣的开启，并保证池内的密封性。

排臭管安装，在第一池安装排臭管，可将第一池内粪便发酵产生的气味及粪尿本身的气味排出，减少厕屋的臭味，提高用厕的舒适性。排臭管的高度应超出厕屋 50 厘米左右。

（五）三格式厕所的使用与维护

80%以上的传染病是由于厕所粪便污染和饮水不卫生引起的，而与粪便有关的传染病就有 30 余种，最常见的有痢疾、霍乱、蛔虫病等。改厕既能消除粪便污染减少传染病，又能提高家庭生活质量。三格式无害化卫生厕所投资小、占地少，效果较好，特别是在春夏季节，几乎没有臭味，苍蝇、蚊子明显减少。随着改厕项目的连续实施，农村三格式无害化卫生厕所数量越来越多，如果建设及使用管理得当，能够取得很好的改厕效果。使用管理主要注意以下 7 个方面。

1. 准备配套的使用物品

配套的使用物品包括洁净的卫生纸、便纸篓、便池刷。没有自来水的地方，还要准备好水桶、水勺等。如果使用的是易溶卫生纸，可以直接冲入粪池。非易溶的便纸要收入纸篓，定期清理焚烧或填埋，否则直接冲入可能堵塞管道，或使粪渣产生过快。

2. 便后冲水用水量

便后冲水用水量以冲走大便达到便池水封为宜。用自来水冲更要注意节水，应选用快闭阀门。使用便池刷可减少冲水量。三格化粪池无害化的效果与进入粪池的水量有很大的关系，每人每天设计冲水量不多于 9 升。因此，要避免一次性用大量的水冲化粪池。洗澡水、洗衣洗地水都不得排入化粪池。

3. 坚持使用无害化的第三池粪液

不要直接使用第一、二池粪便，要坚持使用无害化的第三池粪液。如有新鲜粪便要倒入第一池，禁止倒入第三池，否则会污染已经无害化的第三池粪水。

4. 及时盖好活动盖

要及时盖好活动盖，防止蚊、蝇飞入滋生。

5. 及时清理

半年至 1 年清理第一、二池粪皮粪渣。当第三池出现粪皮时，第一池就一定要进行清渣。由于三格式厕所总是会产生粪渣的，所以不能把化粪池特别是清渣口埋入水泥地面之下。粪渣如不及时清除就有可能堵塞过粪管，降低无害化的效果。清出的粪皮、渣需无害化处理，可用加尿素法处理。粪渣与尿素按 100：1 或 2 混合，存放 2 天或 1 天后加水稀释后才能浇地使用。

6. 坚持统一排放

第三池粪液即使不需要，也不能直接排放入周围土壤、江河、湖塘，应统一排放，并防止排水沟中的水倒灌。农村如需排放，可以通过密封管道排放到远离饮用水源的荒地土壤或人工湿地，荒地或湿地应有耐肥植物自然净化粪水。

7. 经常查看

经常查看第三池，以防粪水溢出。

二、农村改厕的卫生要求

户厕应坚持卫生管理，保持厕内清洁卫生，使厕内地面无积水、无垃圾；便器内无粪迹、尿垢、杂物。

非水冲式户厕，厕内须有贮水设施、盛水器具、纸篓和清扫工具，以便维护户厕的清洁卫生。

非水冲式户厕，后贮粪池的粪便（如双瓮漏斗式厕所的后瓮、三格化粪池厕所的第三格）应及时清除。

非水冲式户厕，前贮粪池的粪渣（如双瓮漏斗式厕所的前瓮、三格化粪池厕所的第一格和第二格）应在 1~2 年内定期清掏，其清掏的粪皮、粪渣必须进行无害化处理，达到高温堆肥卫生标准。

水冲式户厕，应建立三格化粪池对粪便进行无害化处理，或经规划的下水管道排入三格化粪池或净化沼气池统一进行无害化处理。

农村户厕的各项设施应合理使用和维护。

三、农村改厕的保障措施

（一）提高认识，加强组织领导

要进一步加强对改厕工作的领导，成立以分管领导为组长的农村改厕工作领导小组。安排专门的工作人员，具体负责改厕工作的开展，深入细致地做好发动、实施和验收等工作。有关部门要切实把此项工作摆上重要议事日程，认真解决改厕工作中的实际困难和问题，确保人、财、物和技术服务的落实。

（二）强化宣传教育，营造良好氛围

农村改厕工作需要广大群众的理解和支持，要利用各种新闻媒体，大张旗鼓地宣传农村改厕的目的和意义，通过召开动员大会、培训会、现场观摩会等形式和设立固定卫生宣传栏、刷写农村改厕墙体标语的宣传活动，宣传卫生知识，深入做好思想工作。要组织专门力量深入到群众中去，讲道理、算细账、教方法、细指导，帮助村民转变传统观念，树立健康文明的生活方式，提高广大农民群众对改厕工作的认识，引导他们自觉投资、投劳，主动参与改厕建设，把改厕转变成广大农民的自觉行动。要组织基层干部、群众前往改厕示范户实地参观，为广大群众提供"眼见为实"的学习机会。要鼓励干部、党员、村医及教师带头改厕，建立示范户，带动广大农民转变传统观念，引导建立健康的生活方式。

（三）抓好改厕村民组、户的选择，打好工作基础

选择改厕组、户是改厕任务能否顺利完成的重要环节。选改厕村时坚持3个优先：一是住户集中优先；二是文明生态优先；

三是农村示范点优先。同时，改厕村要选择规划合理、村容村貌整洁、多数农户改厕积极性高、交通便利的自然村作为试点。

（四）搞好技术培训，加强技术指导

农村改厕是一项技术性较强的工作，在安装使用上如果指导不当，不但不能取得很好的效果，反而会造成人、财、物浪费。为此，要召开培训会，组建专业队伍严格按照全国爱国卫生运动委员会推广的双瓮漏斗式和三格化卫生厕所建设技术规范及要求施工建设。要本着"统一设计、统一购料、统一施工、统一验收"的原则，确保各个环节不出问题。从物料准备、厕所选址、厕瓮安装、卫生厕所的维护等方面，给予村民全程服务。要严把改厕质量关，每个村要有专人验收，保证建设一个，成功一个，切实保证工程质量。层层培训技术骨干和施工队伍，在林区改厕技术培训的基础上，乡卫生院对各村施工专业人员进行再培训，必要时到村进行专业培训。适时召开全乡改厕现场会，现场观摩学习并进行现场技术指导。

（五）全面实施

农村改厕抓住秋收过后农闲的大好时机，全面铺开改厕工作，各级政府组织人员到各村进行巡回技术指导，发现问题及时纠正，特别是抓好每个村第一改厕户的技术指导，确保改一座合格一座，同时做到验收一户，编码一户。改厕领导小组要对改厕工作进行不定期督查，以保证改厕工作进程的持续性和改厕质量的稳定性，以防"一阵风"和"豆渣"工程，确保持之以恒，全面完成任务。

（六）齐抓共管，严格考核

农村改厕工作涉及文明办、卫生、财政、农办等部门，各部门要密切配合，共同推进。财政部门负责落实并监督管理农村改厕补助资金和必要的工作经费。新农村建设领导小组办公室（简称新农办）要发挥组织协调、业务指导作用，认真组织制订和落实实施计划，并做好监督检查等工作。项目进度定期进行检查，检查结果及时上报，并把改厕任务完成情况作为年度目标考核的内容之一，对改厕工作成绩突出的村及个人给予一定奖励。

第四节　畜禽粪污资源化

一、畜禽粪污的处理和利用

（一）种养结合

这是我国目前畜禽粪污处理的主要方式。养殖场采用干清粪或水泡粪方式收集粪污。采用干清粪方式的，固体粪便经过堆肥或其他无害化方式处理，污水与部分固体粪便进行厌氧发酵、氧化塘等处理，在养分管理的基础上，将有机肥、沼渣、沼液或肥水应用于大田作物、蔬菜、果树、茶园和林木等。采用水泡粪方式的，粪污进行厌氧发酵、氧化塘处理，还田应用于农业生产。

（二）循环利用

在奶牛场和鸭场应用比较多。养殖场主要是采用干清粪的方式，其做法就是通过控制生产用水，减少养殖过程中的用水量，场内实施污水暗道输送、雨污分流和固液分离，减少污水处理压力。处理后的污水可用于场内冲洗粪沟和圈栏等。固体粪便可通过堆肥、基质生产、牛床垫料、燃料等方式处理利用。

（三）达标排放

目前，这种处理方式占的比重相对比较小，其原因一是粪污处理设备的成本高，给养殖场造成很大的压力；二是粪便本身是一种可再利用的资源。达标排放要求养殖场对污水通过厌氧、好氧等工艺处理后，出水水质达到国家排放标准，固体粪便通过堆肥等方式处理后，再利用。

（四）集中处理

在养殖密集区，依托规模化养殖场或专门的粪污处理中心，对周边养殖场（小区、养殖大户）的粪便或污水进行收集并集中处理。

二、畜禽粪污资源化利用

相对于各种畜禽粪污资源化利用处置方案，固体粪便采用可组合的模块化单元设计，不仅可以对规模化的养殖场的固体粪便就地处置，也可以对大规模的集中处理站式的固体粪便进行处置，产出物为有机肥原料。液体粪水采用三级沉淀好氧发酵池，产出物为液体有机肥原料。

（一）固体粪便

目前养殖场基本采用就地还田、堆肥等方式消纳，但存在占地面积大、处理周期长、无害化不彻底、易产生二次污染等问题。

好氧发酵工艺系统包含自动化混料仓、发酵箱、除臭单元。混料仓将固体粪便、辅料和菌群有效调理混合传送到封闭的发酵箱中，发酵箱经过内部各单元的联动，将富含有机质的产品输出。生成的有机质产品干净、稳定，可以放心直接施用或者储存作为有机肥原料。除臭单元回收废气，保证了处置过程无害化。

实践已证明该工艺为固体粪便的最佳处置方案，唯一可以保证无异味的处理工艺，不产生垃圾渗滤液，工程设备化，采用物料自动翻斗设计，占地面积小，处理效率高，单体处理能力大，维护运营成本低。

单元模块化，可单独使用或组合使用，满足不同规模的处置要求。与常见的搅拌式比较，如滚筒式、罐式、仓式等，单体处理能力大，维护运营成本低。与同等规模各种堆肥工艺相比，占地面积降低了 50%~75%，本工艺适用于规模化养殖场就地处置，也适合于规模化集中处置。

（二）液体粪水

采用三级循环好氧发酵沉淀池，采用搅拌+曝气+菌群方案，7~15 天可以处理成无臭、富含有益微生物丰富的液态生物菌肥，设施成本低廉、运行操作简单，可以快速实现资源化利用。

第三章　加快推进农村生活污水治理

随着国民经济的快速发展，农民的生活条件得到了很大改善，生活水平有了很大提高，与此同时，生活用水逐渐增多，随之而来的污水产生量也越来越大。生活污水已成为我国农村地区主要的污染排放源之一，其来源包括冲厕污水、餐厨废水、洗衣和洗浴废水、家庭畜禽散养等活动产生的污水。

第一节　分区分类推进治理

中共中央办公厅、国务院办公厅印发实施《行动方案》，对新时代推进农村人居环境整治提升工作进行了系统谋划和具体部署。

一、因地制宜，分区分类推进农村生活污水治理

《行动方案》提出坚持因地制宜、突出分类施策，充分考虑东中西部地区差异，根据各地基础条件，实事求是确定农村生活污水治理目标任务。

在行动目标上，《行动方案》明确了总体要求，到2025年，农村生活污水治理率不断提升，乱倒乱排得到管控。同时，提出了差异化的治理目标，即东部地区、中西部城市近郊区等有基础、有条件的地区，农村生活污水治理率明显提升；中西部有较好基础、基本具备条件的地区，农村生活污水治理率有效提升；

地处偏远、经济欠发达的地区，农村生活污水治理水平有新提升。

在治理时序上，优先治理京津冀、长江经济带、粤港澳大湾区、黄河流域及水质需改善控制单元等区域，重点整治水源保护区和城乡接合部、乡镇政府驻地、中心村、旅游风景区等人口集中区域农村生活污水。

在技术模式上，《行动方案》要求，开展平原、山地、丘陵、缺水、高寒和生态环境敏感等典型地区农村生活污水治理试点，以资源化利用、可持续治理为导向，选择符合农村实际的生活污水治理技术，优先推广运行费用低、管护简便的治理技术，鼓励居住分散地区探索采用人工湿地、土壤渗滤等生态处理技术，积极推进农村生活污水资源化利用。

农村生活污水处理设施"三分建设、七分管理"。针对处理设施运维长效机制不健全、管护不到位等问题，《行动方案》提出，要强化设施建设和运行维护并重，明确设施产权归属，建立有制度、有标准、有队伍、有经费、有监督的村庄人居环境长效管护机制，确保设施发挥作用。利用好公益性岗位，合理设置农村人居环境整治管护队伍，推动农村厕所、生活污水垃圾处理设施设备和村庄保洁等一体化运行管护。依法探索建立农村生活污水垃圾处理农户付费制度，以及农村人居环境基础设施运行管护社会化服务体系和服务费市场化形成机制，逐步建立农户合理付费、村级组织统筹、政府适当补助的运行管护经费保障制度，合理确定农户付费分担比例。

二、统筹协调，加强农村黑臭水体治理

农村黑臭水体治理是一项长期任务，应优先解决广大农民群众最关心、最直接、最现实的突出水环境问题。要突出重点，示

范带动，选择通过典型区域开展试点示范，深入实践、总结凝练、形成模式、以点带面推进农村黑臭水体治理。要坚持治标和治本相结合，既按规定时间节点实现农村黑臭水体消除目标，又从根本上解决导致水体黑臭的相关环境问题，建立长效机制，让黑臭水体长"制"久清，避免出现返黑返臭现象。

第二节 农村污水处理常用技术工艺

常规污水处理主要包括两个部分，第一部分是污水的一级处理，又称物理处理；第二部分为污水的二级处理，即生化处理。结合不同区域产业特色及出水水质要求，还可设置深度处理单元，作为第三部分。

一、常用一级处理工艺

污水一级处理又称物理处理，用以去除废水中的漂浮物和部分呈悬浮状态的污染物，调节废水 pH 值，减轻废水的腐化程度和后续处理工艺负荷，以避免损害后序工艺的机械设备，确保安全运行。农村污水处理中常用的一级处理工艺是沉淀法，通过重力沉降分离废水中呈悬浮状态的污染物。这种方法简单易行，分离效果良好，应用非常广泛，主要构筑物有沉砂池和沉淀池。

（一）沉砂池

沉砂池的作用是从废水中分离密度较大的砂土等无机颗粒。沉砂池内的污水流速控制到只让密度大的无机颗粒沉淀，而不让较轻的有机颗粒沉淀，以便把无机颗粒和有机颗粒分离开来，分别处置。一般沉砂池能够截留粒径在 0.15 毫米以上的砂粒。沉砂池形式很多，目前国内城市污水处理常用的沉砂池有平流沉砂池、旋流沉砂池、曝气沉砂池等池型，以平流沉砂池截留效果最好。

平流沉砂池是常用的形式，污水在池内沿水平方向流动。平流沉砂池由入流渠、出流渠、闸板、水流部分及沉砂斗组成。它具有截留无机物颗粒效果较好、工作稳定、构造简单和排沉砂方便等优点。

旋流沉砂池是利用机械力控制水流流态与流速、加速砂粒的沉淀并使有机物随水流带走的沉砂装置。它具有占地省、除砂效率高、操作环境好、设备运行可靠等特点，但对水量的变化有较严格的适用范围，对细格栅的运行效果要求较高。其关键设备为国外产品，价格很高。

目前较先进的技术是曝气沉砂池，即池内安装了曝气装置，在沉砂池一侧曝气，使污水在池内呈螺旋状流动前进，以曝气旋流速度控制砂粒的分离，流量变化时仍能保持稳定的除砂效果。在曝气的作用下，污水中的有机颗粒经常处于悬浮状态，也可使砂粒互相摩擦，能够去除砂粒上附着的有机污染物，有利于取得较为清洁的砂粒及其他无机颗粒。曝气还有去除油脂和合成洗涤剂的作用。

（二）沉淀池

沉淀池是应用沉淀作用去除水中悬浮物的一种构筑物。沉淀池按水流方向分为水平沉淀池和垂直沉淀池。沉淀效果取决于沉淀池中水的流速和水在池中的停留时间。用于一级处理的沉淀池，通称初次沉淀池。初次沉淀池是污水处理中第一次沉淀的构筑物，其作用为：去除污水中大部分可沉的悬浮固体；作为化学或生物化学处理的预处理，以减轻后续处理工艺的负荷和提高处理效果。

按照池内水流方向的不同，初次沉淀池可分为平流式沉淀池、竖流式沉淀池、斜板斜管沉淀池和辐流式沉淀池。

平流式沉淀池的工作原理与平流式沉砂池类似。池形呈长方形，由进水装置、出水装置、沉淀区、缓冲区、污泥区及排泥装置等组成。废水从平流式沉淀池的一端进入，从另一端流出，水流在池内作水平运动，池平面形状呈长方形，可以是单格或多格串联。池的进口端底部设污泥斗，贮存沉积下来的污泥。

竖流式沉淀池一般由进水管、集水槽、中心管、反射板、出水管和排泥管组成，废水从进水管进入沉淀池的中心管，并从中心管的下部流出，经过反射板的阻拦向四周均匀分布，沿沉淀区的整个断面上升。处理后的废水由四周集水槽收集，然后自出水管排出。集水槽一般采用自由堰或三角形锯齿堰。为了避免漂浮物溢出池外，应在水面设置挡板。

斜板斜管沉淀池是根据理想沉淀池的原理，在沉淀池中加设斜板或蜂窝斜管以提高沉淀效率的一种新型沉淀池，它由斜板（管）沉淀区、进水配水区、清水出水区、缓冲区和污泥区组成。

辐流式沉淀池亦称辐射式沉淀池，一般为较大的圆池，直径一般为20~30米，最大直径可达100米，在农村污水处理中较少用到。池的进、出口布置基本上与竖流池相同，进口在中央，出口在周围。但池径与池深之比，辐流池比竖流池大许多倍。水流在池中呈水平方向向四周辐射流，由于过水断面面积不断变大，故池中的水流速度从池中心向池四周逐渐减慢。

二、常用二级生化处理工艺——活性污泥法

（一）概述

活性污泥法是在人工充氧条件下，对污水和各种微生物群体进行连续混合培养，经一定时间后因好氧微生物繁殖而形成污泥状絮凝物，即活性污泥，其上栖息着以菌胶团为主的微生物群，

具有很强的吸附与氧化有机物的能力。利用活性污泥的生物凝聚、吸附和氧化作用，可以分解去除污水中的有机污染物，然后使污泥与水分离，根据需要将部分污泥再回流到曝气池，多余部分则作为剩余污泥排出系统。影响活性污泥工作效率（处理效率和经济效益）的主要因素是处理方法的选择与曝气池和沉淀池的设计及运行。

活性污泥法作为最广泛应用的污水处理技术，具有处理效果好、去除率高、运行稳定、运行费用低等优点。对于处理量小于10万吨/天，且有脱氮除磷要求的中小型污水处理站，活性污泥法是首选方案。

典型的活性污泥法处理系统由曝气池、沉淀池、污泥回流系统和剩余污泥排除系统组成。污水和回流的活性污泥一起进入曝气池形成混合液。从空气压缩机站送来的压缩空气通过铺设在曝气池底部的空气扩散装置，以细小气泡的形式进入污水中，目的是增加污水中的溶解氧含量，还使混合液处于剧烈搅动的悬浮状态。溶解氧、活性污泥与污水互相混合、充分接触，使活性污泥反应得以正常进行。

（二）阶段

第一阶段，污水中的有机污染物被活性污泥颗粒吸附在菌胶团的表面，这是其巨大的比表面积和多糖类黏性物质起的作用，同时一些大分子有机物在细菌胞外酶作用下分解为小分子有机物。

第二阶段，微生物在氧气充足的条件下，吸收这些有机物，并氧化分解，形成二氧化碳和水，一部分供给自身的增殖繁衍。活性污泥反应的结果是污水中有机污染物得到降解而去除，活性污泥本身得以繁衍增长，污水得以净化处理。

经过活性污泥净化后的混合液进入二次沉淀池，混合液中悬浮的活性污泥和其他固体物质在这里沉淀下来与水分离，澄清后的污水作为处理水排出系统。经过沉淀浓缩的污泥从沉淀池底部排出，其中大部分作为接种污泥回流至曝气池，以保证曝气池内的悬浮固体浓度和微生物浓度；增殖的微生物从系统中排出，称为剩余污泥。事实上，污染物很大程度上从污水中转移到了这些剩余污泥中。

活性污泥工艺的运行主要是对活性污泥量和供氧量进行控制，曝气池的活性污泥浓度（即混合液悬浮固体）是可以调节的，也就是活性污泥量和负荷率是可以调节的，运行时应根据具体情况注意调节。活性污泥法容易出现污泥膨胀，即污泥含水量极高，不易沉降。这将造成污泥随水流出沉淀池，破坏水质，同时，污泥的流失使曝气池中污泥减少，整个过程逐渐失效。在发现污泥有膨胀趋势时，应立即分析原因，采取措施。

经过广泛应用和技术上的不断改进，衍生出了很多技术更加先进的新工艺，包括氧化沟、A/O、A^2/O、SBR、CAST 等。

（三）氧化沟工艺

氧化沟是指反应池呈封闭无终端循环流渠形布置，池内配置充氧和推动水流设备的活性污泥法污水处理工艺。氧化沟是活性污泥法的一种变形，在水力流态上不同于传统的活性污泥法。氧化沟利用连续环式反应池（Continuous Loop Reactor，CLR）作生物反应池，通常在延时曝气条件下使用，用一种带方向控制的曝气和搅动装置，向反应池中的物质传递水平速度，从而使被搅动的混合液在一条闭合曝气渠道内进行连续循环。氧化沟一般由沟体、曝气设备、进出水装置、导流和混合设备组成，沟体的平面形状一般呈环形，也可以是长方形、"L"形、圆形或其他形状，沟断面形状多为矩形和梯形。

氧化沟法由于具有较长的水力停留时间、较低的有机负荷和较长的污泥龄，因此相比传统活性污泥法，可以省略调节池、初沉池、污泥消化池，有的还可以省略二沉池。氧化沟能保证较好的处理效果，这主要是因为巧妙结合了 CLR 形式和曝气装置特定的定位布置，使氧化沟具有独特的水力学特征和工作特性。

三、常用二级生化处理工艺——生物膜法

(一) 机理

生物膜法是与活性污泥法并列的一类废水好氧生物处理技术，是生物净化过程的人工化和强化，主要去除废水中溶解性的和胶体状的有机污染物。

生物膜法污水处理技术主要是利用附着生长于某些固体物表面的微生物（即生物膜）进行有机污水处理。生物膜是由高度密集的好氧菌、厌氧菌、兼性菌、真菌、原生动物以及藻类等组成的生态系统，其附着的固体介质称为滤料或载体。生物膜自滤料向外可分为厌气层、好气层、附着水层和运动水层。

生物膜法净化污水的机理如下。

（1）依靠固定于载体表面上的微生物膜来降解有机物，由于微生物细胞几乎能在水环境中任何适宜的载体表面牢固地附着、生长和繁殖，由细胞内向外伸展的胞外多聚物使微生物细胞形成纤维状的缠结结构，因此生物膜通常具有孔状结构，并具有很强的吸附性能。

（2）生物膜附着在载体的表面，是高度亲水的物质，在污水不断流动的条件下，其外侧总是存在着一层附着水层。生物膜是由细菌、真菌、藻类、原生动物、后生动物和其他一些肉眼可见的生物群落组成，形成由有机污染物—细菌—原生动物（后生动物）组成的食物链。其中细菌一般有假单胞菌属、芽孢菌属、产碱杆菌属、动胶菌属以及球衣菌属。原生动物多为钟虫、独缩

虫、等枝虫、盖纤虫等。后生动物只有在溶解氧非常充足的条件下才出现，且主要为线虫。污水在流过载体表面时，污水中的有机污染物被生物膜中的微生物吸附，并通过氧向生物膜内部的扩散，在膜中发生生物氧化等作用，从而完成对有机物的降解。产生的二氧化碳等无机物又沿着相反的方向，即从生物膜经过附着水层转移到流动的废水中或空气中去。生物膜表层生长的是好氧和兼氧微生物，而在生物膜内层的微生物则往往处于厌氧状态，当生物膜逐渐增厚，厌氧层的厚度超过好氧层时，会导致生物膜的脱落，而新的生物膜又会在载体表面重新生成。通过生物膜的周期更新，可维持生物膜反应器的正常运行。

（3）生物膜法通过将微生物细胞固定于反应器内的载体上，实现了微生物停留时间和水力停留时间的分离。载体填料的存在对水流起到强制紊动的作用，同时可促进水中污染物质与微生物细胞的充分接触，从实质上强化了传质过程。生物膜法克服了活性污泥法中易出现的污泥膨胀和污泥上浮等问题，在许多情况下不仅能代替活性污泥法用于城市污水的二级生物处理，而且还具有运行稳定、抗冲击负荷强、占地面积少、更为经济节能、具有一定的硝化-反硝化功能等优点。

生物膜法处理技术有生物接触氧化法、生物滤池（普通生物滤池、高负荷生物滤池、塔式生物滤池）法、生物转盘法和生物流化床法等。

（二）生物接触氧化法

生物接触氧化法是一种好氧生物膜污水处理方法，介于普通活性污泥法与生物滤池两者之间。该系统由浸没于污水中的填料、填料表面的生物膜、曝气系统和池体构成。该工艺具备淹没式生物滤池特征，其工作原理是在池内充填填料，已经充氧的污水浸没全部填料，并以一定的流速流经填料，在填料上布满生物膜，污水与生物膜广泛接触，在生物膜上微生物新陈代谢功能的作用下，污水中有机物得到去除，污水得到净化。

该法中微生物所需氧由鼓风曝气供给，由于内部的缺氧环境势必导致生物膜内层供氧不足甚至处于厌氧状态，这样在生物膜中形成了由厌氧菌、兼性菌和好氧菌以及原生动物和后生动物形成的长食物链的生物群落，能有效地将好氧生物不能降解的厌氧降解为可生化的有机物。生物膜生长至一定厚度后，填料壁的微生物会因缺氧而进行厌氧代谢，产生的气体及曝气形成的冲刷作用会造成生物膜的脱落，并促进新生物膜的生长。

（三）生物滤池法

生物滤池法是依靠废水处理构筑物内填装的填料的物理过滤作用，以及填料上附着生长的生物膜的好氧氧化、缺氧反硝化等生物化学作用联合去除废水中污染物的人工处理技术。其工艺原理：在滤池中装填一定量粒径较小的粒状滤料，滤料表面生长着生物膜，滤池内部曝气，污水流经时，利用滤料上高浓度生物量的强氧化降解能力对污水进行快速净化，此为生物氧化降解过程。同时，因污水流经时滤料呈压实状态，利用滤料粒径较小的特点及生物膜的生物絮凝作用，截留污水中的大量悬浮物，且保证脱落的生物膜不会随水漂出，此为截留作用。运行一定时间后，因水头损失的增加，需对滤池进行反冲洗，以释放截留的悬浮物并更新生物膜，此为反冲洗过程。

（四）膜生物法（MBR）

膜生物法是把生物反应与膜分离相结合，以膜为分离介质替代常规重力沉淀固液分离获得出水，并能改变反应进程和提高反应效率的污水处理方法，简称 MBR。膜组器是由膜组件、供气装置、集水装置、框架等组装成的基本水处理单元，是膜生物法污水处理工程进行固液分离的膜装置。污水中的有机物经过生物反应器内的微生物的降解作用，使水质得到净化。而膜的主要作用是将污泥与分子量大的有机物及细菌等截留于反应器内，使出水水质达标，同时保持了反应器内有较高的污泥浓度，加速生化反应的进行。

根据膜组器与生物反应器的组合方式，膜生物处理系统分为浸没式膜生物处理系统和外置式膜生物处理系统。浸没式膜生物处理系统是指膜组器浸没在生物反应池中，污染物在生物反应池进行生化反应，利用膜进行固液分离的设备或系统。外置式膜生物处理系统是指膜组器和生物反应池分开布置，生物反应池内的活性污泥混合液泵入膜组器进行固液分离的设备或系统，产水排放或深度处理，浓缩的泥水混合物回流到循环浓缩池或生物反应池，形成循环。浸没式的能耗通常低于分置式，结构也比分置式更为紧凑，占地面积小，但缺点是膜通量相对较低，容易发生膜污染，不容易清洗和更换膜组件。

四、常用深度处理工艺

当区域内收纳水体对农村生活污水处理设施的出水水质要求较高时，可考虑增加深度处理工艺，进一步去除污染物浓度，以满足出水水质要求。结合农村环境现状，深度处理方案设计尽量与村庄整体环境绿化美化、现有纳污坑塘综合整治等项目结合起来，形成独具特色的自然景观，最终实现治污项目与自然生态的完美融合。深度处理方案设计中可考虑的工艺包括混凝沉淀法、人工湿地、氧化塘等。

（一）混凝沉淀法

混凝是指投加混凝剂，在一定水力条件下完成水解、缩聚反应，使胶体分散体系脱稳和凝聚的过程。絮凝是指完成凝聚的胶体在一定水力条件下相互碰撞、聚集或投加少量絮凝剂助凝，以形成较大絮状颗粒的过程。混凝过程是工业用水和生活污水处理中最基本也是极为重要的处理过程，通过向水中投加一些药剂（通常称为混凝剂及助凝剂），使水中难以沉淀的颗粒能互相聚合而形成胶体，然后与水体中的杂质结合形成更大的絮凝体。絮凝体具有强大的吸附力，不仅能吸附悬浮物，还能吸附部分细菌和溶解性物质。絮凝体通过吸附，体积增大而下沉。混凝沉淀法在水处理中的应用是非常广泛的，它对悬浮颗粒、胶体颗粒、疏水性污染物具有良好的去除效果，对亲水性、溶解性污染物也有一定的絮凝效果。混凝工艺对原水悬浮颗粒、胶体颗粒及相关有机物、色度物质、油类物质的浓度均无限制，处理效率有所不同。

常用的混凝剂有硫酸铝、明矾、三氯化铁、硫酸亚铁、聚合氯化铝、聚合硫酸铁等。聚合氯化铝是一种无机高分子混凝剂，是由于氢氧根离子的架桥作用和多价阴离子的聚合作用而生产的分子量较大、电荷较高的无机高分子水处理药剂。它主要通过压缩双层、吸附电中和、吸附架桥、沉淀物网捕等机理作用，使水中细微悬浮粒子和胶体离子脱稳、聚集、絮凝、混凝、沉淀，达到净化处理效果。

常用的絮凝剂有聚丙烯酰胺（PAM）、活化硅酸、骨胶等，其中最常用的是聚丙烯酰胺。聚丙烯酰胺为水溶性高分子聚合物，不溶于大多数有机溶剂，具有良好的絮凝性，可以降低液体之间的摩擦阻力，按离子特性分可分为非离子、阴离子、阳离子和两性型 4 种类型。

（二）人工湿地

1. 基本概念

人工湿地是用人工筑成的水池或沟槽，底面铺设防渗漏隔水层，充填一定深度的基质层，种植水生植物，利用系统中"基质+水生植物+微生物"的物理、化学、生物的三重协同作用，通过基质过滤、吸附、沉淀、离子交换、植物吸收和微生物分解来实现对污水的高效净化。人工湿地的坑中要求放置大小不同的砾石，组成透水透气的地下结构，在上部安置布水系统，表面种植特定植物。通过种植特定的湿地植物，建立起一个人工湿地生态系统，当污水通过系统时，经砂石、土壤过滤以及植物根际的多种微生物活动，污水的污染物和营养物质被系统吸收、转化或分解，从而使水质得到净化。

2. 技术原理

人工湿地污水处理技术的原理是通过人工建造和控制来运行与沼泽地类似的地面，将污水有控制地投配到湿地上，使污水在湿地土壤缝隙和表面沿一定方向流动的过程中，利用土壤、人工介质、植物、微生物的物理、化学、生物三重协同作用，对污水进行处理的一种技术。其生态系统的作用机理包括吸附、滞留、过滤、沉淀、微生物分解、转化、氧化还原、植物遮蔽、残留物积累、蒸腾水分和养分吸收及各类动物的其他作用等。系统中因植物根系对氧的传递释放，使其周围的环境中依次呈现出好氧、厌氧和缺氧状态，保证了废水中氮、磷不仅能被植物和微生物作为营养成分而直接吸收，而且还可以通过硝化、反硝化作用及微生物对磷的过量积累作用将其从废水中去除，老化的微生物作为肥料被植物吸收。

（三）氧化塘

氧化塘也称为稳定塘，是一种利用天然净化能力对污水进行处理的构筑物的总称。其净化过程与自然水体的自净过程相似，通过在塘中种植水生植物，进行水产和水禽养殖，形成人工生态系统，在太阳能作为初始能量的推动下，形成多条食物链，其中不仅有分解者生物即细菌和真菌，生产者生物即藻类和其他水生植物，还有消费者生物，如鱼、虾、贝、螺、鸭、鹅、野生水禽等，三者分工协作，对污水中的污染物进行更有效地处理与利用。污水进入氧化塘，其中的有机污染物不仅被细菌和真菌降解净化，而其降解的最终产物，一些无机化合物作为碳源、氮源和磷源，参与到食物网的新陈代谢过程中，并从低营养级到高营养级逐级迁移转化，最后转变成水生植物、动物等产物。氧化塘通常是将土地进行适当的人工修整，建成池塘，并设置围堤和防渗层，依靠塘内生长的微生物来处理污水，主要利用菌藻的共同作用处理废水中的有机污染物。污水在塘内通过长时间的停留，其有机物通过不同细菌的分解代谢作用后被微生物降解。由于氧化塘内繁殖有大量的藻类，对出水质量要求较高时，可考虑增加除藻设施。

按照塘内微生物的类型和供氧方式来划分，氧化塘可以分为厌氧塘、兼性塘、好氧塘、曝气塘。厌氧塘的原理与其他厌氧生物处理过程一样，依靠厌氧菌的代谢功能，使有机底物得到降解。反应分为两个阶段：首先由产酸菌将复杂的大分子有机物进行水解，转化成简单的有机物（有机酸、醇、醛等）；然后产甲烷菌将这些有机物作为营养物质，进行厌氧发酵反应，产生甲烷和二氧化碳等。

第三节　农村生活污水处理模式

污水处理模式是依据污水的流向，从污水收集、处理到排放整个过程固化下来的一套系统。从某种程度上讲，农村生活污水的收集方式决定了其处理方式，即不同的收集方式对应着不同的污水处理工艺；污水的处理方式又与尾水利用方式密切相关，如人工湿地等生态污水处理方式也作为一种景观而存在，实现了尾水的资源化利用。基于此，农村生活污水处理模式无外乎集中与分散两种形式，二者是一个相对概念，从最为集中（纳入城市市政管网）到最分散（独户处理），各种方式各具特色，并适用于不同村落。

我国幅员辽阔，地域广泛，分布着多种农村区域类型。因此，复杂的自然条件与发展历史所产生的村落差异使得"分类指导"成为农村生活污水处理的关键。基于此，根据村落的地形条件、农户分布及风俗习惯等特征，可将农村生活污水处理模式划分为城乡统一处理模式、村落集中处理模式和农户分散处理模式。

一、城乡统一处理模式

城乡统一处理模式是指邻近市区或城镇的村落统一铺设污水管网，污水收集后接入邻近的市政污水管网，利用城镇污水处理厂进行统一处理。由于该方式在村庄附近，无须就地建设污水处理站，具有较高的经济性。

二、村落集中处理模式

村落集中处理模式是针对村庄中农户居住较集中，全部或部分具备全村管网铺设条件而采用管网收集、污水集中处理的模式，也是我国农村生活污水治理工程中应用最普遍的模式。通过在村庄附近建设一处农村生活污水处理设施，将村庄内全部污水集中收集输送至此，就地集中处理。就我国广大农村区域而言，由于某些区域农村生活污水无法集中纳入市政管网，村落之间呈连片或独立分散分布，地势平坦，人口居住较为集中，因此该方式能够满足现阶段大部分需要建设处理工程的村落，成为当前国内外处理污水的新理念。

三、农户分散处理模式

农户分散处理模式主要针对当前无法集中铺设管网或集中收集处理的村落。在这种情况下对污水处理有两种方式：一是在农户自身庭院内建设污水处理设施或采用移动污水处理车进行污水处理，从而达到净化水质的目的。这种处理方式适用于居住较为分散的山区，即农户居住分布较远，管网建设费用较高，加上村落规模较小，仅由几户构成，且邻近没有污水处理站的。二是运用污水运输车将农户污水统一输送至就近污水处理站。这种方式适合在农户居住附近具有污水处理站，但无法铺设管网，可联合其他农户集中处理污水的。

第四章　全面提升农村生活垃圾治理水平

第一节　健全生活垃圾收运处置体系

一、明确农村生活垃圾收运处置体系建设管理工作目标

到 2025 年，农村生活垃圾无害化处理水平明显提升，有条件的村庄实现生活垃圾分类、源头减量；东部地区、中西部城市近郊区等有基础、有条件的地区，农村生活垃圾基本实现无害化处理，长效管护机制全面建立；中西部有较好基础、基本具备条件的地区，农村生活垃圾收运处置体系基本实现全覆盖，长效管护机制基本建立；地处偏远、经济欠发达的地区，农村生活垃圾治理水平有新提升，村容村貌持续改善。

二、统筹谋划农村生活垃圾收运处置体系建设和运行管理

以县（市、区、旗）为单元，根据镇村分布、政府财力、人口规模、交通条件、运输距离等因素，科学合理确定农村生活垃圾收运处置体系建设模式。城市或县城生活垃圾处理设施覆盖范围内的村庄，采用统一收运、集中处理的生活垃圾收运处置模式；交通不便或运输距离较长的村庄，因地制宜建设小型化、分散化、无害化处理设施，推进生活垃圾就地就近处理。在县域城

乡生活垃圾处理设施建设规划等相关规划中，明确农村生活垃圾分类、收集、运输、处理或资源化利用设施布局，合理确定设施类型、数量和规模，统筹衔接城乡生活垃圾收运处置体系、再生资源回收利用体系、有害垃圾收运处置体系的建设和运行管理。

三、推动农村生活垃圾源头分类和资源化利用

充分利用农村地区广阔的资源循环与自然利用空间，抓好农村生活垃圾源头分类和资源化利用。在经济基础较好、群众接受程度较高的地方先行开展试点，"无废城市"建设地区的村庄要率先实现垃圾分类、源头减量。根据农村特点和农民生活习惯，因地制宜推进简便易行的垃圾分类和资源化利用方法。加强易腐烂垃圾就地处理和资源化利用，协同推进易腐烂垃圾、厕所粪污、农业生产有机废弃物资源化处理利用，以乡镇或建制村为单位建设一批区域农村有机废弃物综合处置利用设施。做好可回收物的回收利用，建立以村级回收网点为基础、县域或乡镇分拣中心为支撑的再生资源回收利用体系。强化有害垃圾收运处置，对从生活垃圾中分出并集中收集的有害垃圾，属于危险废物的，严格按照危险废物相关规定进行管理，集中运送至有资质的单位规范处理。推进农村生活垃圾分类和资源化利用示范县创建工作，探索总结分类投放、分类收集、分类运输、分类处置的农村生活垃圾处理模式。

四、完善农村生活垃圾收运处置设施

生活垃圾收运处置体系尚未覆盖的农村地区，要按照自然村（村民小组）全覆盖的要求，配置生活垃圾收运处置设施设备，实现自然村（村民小组）有收集点（站）、乡镇有转运能力、县城有无害化处理能力。已经实现全覆盖的地区，要结合当地经济

水平，推动生活垃圾收运处置设施设备升级换代。逐步取缔露天垃圾收集池，建设或配置密闭式垃圾收集点（站）、压缩式垃圾中转站和密闭式垃圾运输车辆。因地制宜建设一批小型化、分散化、无害化的生活垃圾处理设施。

五、提高农村生活垃圾收运处置体系运行管理水平

深入贯彻执行《农村生活垃圾收运和处理技术标准》（GB/T 51435—2021），规范各环节的日常作业管理。压实运行维护企业或单位的责任，加强垃圾收集点（站）的运行管护，确保垃圾规范投放、及时清运。对垃圾转运站产生的污水、卫生填埋场产生的渗滤液以及垃圾焚烧厂产生的炉渣、飞灰等，按照相关法律法规和标准规范做好收集、贮存及处理。推行农村生活垃圾收运处置体系运行管护服务专业化，加强对专业公司服务质量的考核评估。持续开展村庄清洁行动，健全村庄长效保洁机制，推动农村厕所粪污、生活污水垃圾处理设施设备和村庄保洁等一体化运行管护，探索组建以脱贫人口、防返贫监测对象等农村低收入群体为主体的劳务合作社，通过开发公益性岗位等方式承担村庄保洁、垃圾收运等力所能及的服务。推动建立健全农村生活垃圾收运处置体系经费保障机制，逐步建立农户合理付费、村级组织统筹、政府适当补助的运行管护经费保障制度。

六、建立共建共治共享工作机制

广泛开展美好环境与幸福生活共同缔造活动，以基层党组织建设为引领，以村民自治组织为纽带，围绕农村生活垃圾治理工作，建立农民群众全过程参与的工作机制。动员群众共同谋划，组织村民积极参与垃圾分类方法制定、垃圾收集点（站）选址等工作，广泛听取群众意见。动员群众共建体系，组织村民定期

打扫庭院和房前屋后卫生，因地制宜建立垃圾处理农户付费制度。动员群众共管环境，制定村民环境卫生行为准则或将有关内容写入村规民约，明确村民自觉维护公共环境的义务。动员群众共评效果，建立环境卫生理事会等群众自治组织，定期开展环境卫生检查，组织村民对垃圾治理效果进行评价。推进工作成果群众共享，通过建立积分制、设立"红黑榜"等多种方式对农户进行激励，结合实际对工作情况较好的保洁员、工作成效突出的村庄给予奖励。

第二节　推进农村生活垃圾分类减量与利用

垃圾分类与资源化利用符合农村实际情况，环境经济的边际效应明显，可推广、可持续。农村社会是熟人社会，相互之间信息透明、行为趋同性强，通过树立垃圾分类的先进典型，能够很好地发挥榜样力量。

一、垃圾堆肥技术

农村生活垃圾中有机组分（厨余、瓜果皮、植物残体等）含量较高，经济较发达的农村可达到80%以上，可采用堆肥法进行处理。堆肥法就是在一定的工艺条件下，使可被生物降解的有机物转化为稳定的腐殖质，并利用发酵过程产生的热量杀死有害微生物达到无害化处理的生物化学过程。堆肥按有氧状态可分为好氧堆肥和厌氧堆肥。厌氧堆肥与好氧堆肥比较，单位质量的有机质降解产生的能力较少，且厌氧堆肥通常容易发出臭味，因此目前好氧堆肥应用更广泛。堆肥技术工艺简单，适合于易腐有机质较高的垃圾处理，可实现垃圾资源化，且投资较垃圾填埋、焚烧技术都低。堆肥技术在欧美起步较早，目前已经达到工业化应用的水平，堆肥产品能作为有机肥增强土壤肥力，因此，堆肥是农村生活垃圾资源化处理的较有前景的发展方向。然而由于我国垃圾的分类收集程度低，垃圾成分日趋复杂，直接影响堆肥产品质量，可能会造成潜在污染，特别是重金属残留问题。目前利用混合垃圾简易堆肥出的产品品质较差，且可能含有有毒物质，缺乏与普通工业肥料的竞争力。

二、垃圾焚烧技术

农村生活垃圾中的废塑料等可燃成分较多，具有很高的热值，采用科学合理的焚烧方法是完全可行的。焚烧处理是将垃圾作为固体燃料送入垃圾焚烧炉中，生活垃圾中可燃成分在800~1 200℃的高温下氧化、热解而被破坏，转化为高温的燃烧气和少量性质稳定的固体废渣。焚烧技术是目前生活垃圾处理的有效途径之一。因垃圾焚烧技术具有处理效率高，有效实现垃圾减量化、无害化、节约填埋场占地等特点，近年来垃圾焚烧技术也突飞猛进，目前我国垃圾焚烧发电厂主要分布在经济发达地区和一些大城市，其中江苏、浙江、广东三省的生活垃圾焚烧发电厂数量最多。随着经济发展，我国西部地区越来越多的城市也将选择建设垃圾焚烧发电厂。目前我国大型垃圾焚烧设备及尾气净化装置大都依靠引进国外先进技术及装备，因国外垃圾普遍采用了分类收集，进入焚烧厂的成分相对简单，热值高、水分含量低，而在我国垃圾中厨余垃圾多、热值低、水分高、灰分大、成分复杂，因而直接引进国外焚烧设备不仅投资大，处理效率降低，且需要较多的辅助燃料，因垃圾成分复杂，尾气处理难度和污染控制成本增高。因此尽快开展垃圾分类，研制高效、廉价的焚烧炉及焚烧炉尾气中多种污染物脱除技术，实现该技术的规模化、商业化是我国垃圾焚烧技术的重点工作。

三、垃圾填埋技术

垃圾填埋技术是目前我国应用最为广泛的垃圾处理技术，原理是利用工程手段，采取防渗、铺平、压实、覆盖等措施将垃圾埋入地下，经过长期的物理、化学和生物作用使垃圾达到稳定状态，将垃圾压实减容至最小，并对气体、渗沥液、蝇虫等进行治理，最终对填埋场封场覆盖，从而将垃圾产生的危害降到最低，是整个过程对公众卫生安全及环境均无危害的一种土地处理垃圾方法。垃圾填埋技术比较成熟，操作管理简单，处理量大，可以处理所有种类的垃圾。在不考虑土地成本和后期维护的前提下，垃圾填埋技术的建设投资和运行成本相对较低，能处理处置各种类型的废物，并可利用垃圾填埋气发电向城市提供电能或热能，实现经济循环发展。垃圾填埋技术目前及将来一定时间内是我国垃圾处理的主导技术，现占到我国垃圾处理能力的80%。然而填埋处理本身存在难以解决的问题，首先，填埋法无害化程度较低，特别是由于我国城市垃圾含水量和有机物含量都较高，会产生大量渗滤液，渗滤液中包含大量有毒、有害物质，其中包括重金属；其次，垃圾填埋场占用大量的土地，在城市土地资源日趋紧张的今天，场址选择日益困难，填埋费用不断增加。同时填埋法的资源回收率低，填埋场中产生的甲烷气体在导致气候变暖方面效果大约是二氧化碳的20倍，地球上10%~15%的沼气是由填埋气体产生的，垃圾填埋场是温室效应产生的重要原因之一。因此，随着经济发展，垃圾量的增多，卫生填埋技术最终将因投资较大，占用大量土地及易污染环境而被边缘化。

四、综合利用技术

综合利用是实现固体废物资源化、减量化的最重要手段之一。在生活垃圾进入环境之前对其进行回收利用，可大大减轻后续处理处置的负荷。综合利用的方法有多种，主要分为以下4种形式：再利用、原料再利用、化学再利用、热综合利用。在农村生活垃圾处理过程中，应尽量采取措施进行综合利用，以达到垃圾减量化、保护环境、节约资源和能源的目的。根据农村生活垃圾的特点，建议农村生活垃圾应分类收集，分类处理。

五、农村生活垃圾处理新技术

（一）蚯蚓堆肥技术

蚯蚓堆肥技术是指在微生物的协同作用下，利用蚯蚓本身活跃的代谢系统将垃圾废料分解转化，形成可以利用的土地肥料。使用的蚯蚓主要有正蚓科和巨蚓科的几个属种。该技术成本低、成效高，废物可再利用，有助于丰富资源。采用这一技术时，在完成垃圾处理的同时，还可将蚯蚓作为科研产物进行研究，挖掘更好的用途。该技术有一定的科技含量，在正确的指导下能推广利用。

（二）垃圾衍生燃料技术

垃圾衍生燃料技术是指对垃圾进行破碎筛选得到以可燃物为主体的废物，或者将这些可燃物进一步粉碎、干燥制成固体燃料。该技术有许多优点，例如，由于粉碎混合均匀，燃烧完全，热值大，燃烧均匀，燃烧产生的有害气体和固体烟雾少。在南方、北方地区，农村生活垃圾都可以进行能源生产、发电供暖等。但采用这种技术时，燃烧会产生温室气体和一氧化碳，所以有应用前景，但需要进行改进研究。

（三）气化熔融处理技术

该技术将生活垃圾在600℃的高温下热解气化和灰渣在1 300℃以上熔融这2个过程有机结合。农村生活垃圾热解后可产生可燃的气体能源，垃圾中未氧化的金属可以回收。热分解气体燃烧时空气系数较低，能大大降低排烟量，提高能源利用率，减少氮氧化物的排放。这种技术可最大限度地进行垃圾减量、减容，具有处理彻底的优点。但是，该技术能源消耗量大，需要组织集中处理，因此在农村推广使用不太现实，需要政府提供资金支持。

（四）高温高压湿解技术

农村生活垃圾湿解是在湿解反应器内，对农村生活垃圾中的可降解有机质用温度为 160~170℃、压力为 0.6~0.8 兆帕的蒸汽处理 2 小时后，用喷射阀在 20 秒内排除物料，同时破碎粗大物料并闪蒸蒸汽，再用脱水机进行液固分离。湿解液富含黄腐酸，可用于制造液体肥料或颗粒肥料。脱水后的湿物料可用干燥机进行烘干到水分小于 20%，过筛，粗物料再进行粉碎。高温高压湿解的固形物质可作为制造有机肥的基料，湿解基料富含黄腐酸。高温高压水解法处理农村生活垃圾由垃圾分选系统、垃圾水解系统、垃圾焚烧系统、制肥自动控制系统组成，具有垃圾分选效果好，运行成本低，有机物利用率高，无须添加酸性催化剂，避免了对环境产生二次污染等优点。这说明了高温高压湿解法处理农村生活垃圾具有可行性。

（五）太阳能—生物集成技术

该技术是利用生活垃圾中的食物性垃圾自身携带菌种或外加菌种进行消化反应，应用太阳能作为消化反应过程中所需的能量来源，对食物性垃圾进行卫生、无害化生物处理。在处理过程中利用垃圾本身所产生的液体调节处理体的含水率，不但能够强化厌氧生物量，而且能够为处理体提供充足的营养，从而加速处理体的稳定，在处理过程中产生的臭气可经脱臭后排放。当阴雨天或外界气温较低时，它能依靠消化反应过程中产生的能量来维持生物反应的正常进行。

六、农村生活垃圾主要处理技术比较

每种技术都有其自身的特点及实用性，因此最终选择适当的农村生活垃圾处理技术取决于各种各样的因素（如技术因素、经济因素、政治因素、环境因素等），其中很多因素都依赖于当地条件，一般有如下考虑。

农村生活垃圾的成分和性状（决定于当地经济发展和居民生活水平）。

处理能力和垃圾的减容率。

国家相关政策和法规。

工作人员的职业健康和安全。

处理、运行及其他成本。

处理设备的易操作性和可靠性。

需要的配套设备和基础设施。

处理设备及排放装置对当地环境的总体影响。

第三节 农村生活垃圾处理模式

一、政府治理模式

农村生活垃圾治理的非竞争性和非排他性这两大特质说明了政府是农村生活垃圾治理的主要主体。政府可以通过制定政策法规、增加税收等强制性措施来筹集提供资金，不仅可以避免市场机制中的高交易成本，还可以通过生产和消费的规模效应分散和降低公共物品的供给成本。

二、市场治理模式

在政府治理模式中，农村生活垃圾处理存在资金短缺和竞争缺乏等现象，因此需要考虑通过引入市场机制来提高农村生活垃圾处理效率。而农村生活垃圾处理的准公共品特征又决定了不能完全将其交由市场，否则会导致社会总体福利下降。农村生活垃圾处理的公共品特征，致使垃圾处理的收益偏低。同时，农村地理分布广、人口密度分布不均匀，因此，农村生活垃圾总量大但集中度不高，生活垃圾处理难以形成较大规模，这就决定了农村生活垃圾处理的高成本。在这种高成本、低收益的条件下，很难吸引市场资本的进入，导致市场失灵。再者，农村生活垃圾处理还没有形成完整的下游产业，因此资本的投资回报存在不确定性，这就导致市场资金流入农村生活垃圾处理行业缺乏基本的动力。如果没有政府通过财政补贴、调整利益分配格局等相关政策，不进行农村生活垃圾处理成本收益缺口的弥补，市场失灵现象将不会退去，这将导致农村生活垃圾处理的供给长期不足。这些就决定了农村生活垃圾处理应该采用公私合作供给模式。

三、社区自治模式

传统治理模型只适用于在具有较高贴现率、缺少信任、沟通和不能形成有约束力的协议、无法建立有效监督机制的情况；而在规模较小的公共池塘资源问题中则不适用。对于农村森林资源的治理而言，长期的共同生活使得"村民知道谁是能够信任的，他们的行为将会对其他人及公共池塘资源产生什么影响，以及如何自我组织起来促进集体行动"。该观点认为"通过相互间交流和重复博弈，村民能够找到解决上述困境的制度安排，使所有人能抵制'搭便车'或者其他机会主义行为诱惑而采取符合共同利益的行为"，这里所指的制度即是自主治理制度。

而要实现有效的自主治理必须解决三大难题，即新制度的供给问题、可信任承诺问题和相互监督问题。同时，要构建能解决三大难题的合理有效的制度需要借助于社会资本网络的作用。从根本上说，社会资本是从人与人之间的互动和社会结构中衍生出来的一种价值资源，一般而言，它产生于重复博弈，即如果个体之间反复地进行博弈、互动，那么"他们就会对'诚实可靠'之类的声誉进行投资"。相互信任、互惠互利、拥有约束力的共同规范以及稳定的网络和团体内部关系是社会资本在农村环境治理中有效发挥作用的至关重要的特征与要求。

第四节　农村生活垃圾分类的策略

一、加强宣传教育，提高垃圾分类意识

（一）加强宣传和舆论引导

利用宣传标语和图文并茂的宣传画、墙报、现场说明会等多种村民喜闻乐见的形式，让村民详细了解垃圾分类处理的意义，明确具体的分类标准、主要做法和自己所承担的责任与义务。

（二）加强教育培训

以家庭为单位，建立垃圾分类分层培训制度，有针对性地对村保洁员、卫生监督员、村"两委"、村民代表、妇女代表等农村生活垃圾分类的"中坚力量"开展专业培训，增强全民垃圾分类的意识。具体可借鉴广西横县的成功经验，发挥学校教育的作用，在中小学开设资源回收再利用课程，开展"小手牵大手"活动。

（三）建立源头可追溯制度，村民帮扶互助

对分发给村民的垃圾桶进行编号，严格实施源头分类可追溯

制度，对落后群体采取"邻里帮扶""党员帮扶"等结对模式，提高垃圾收集率和分类正确率。

（四）发挥关键人物的带头作用

引导和利用好村干部、村党员、致富能手、成功人士的影响力，通过能人带动、政策推动、宣传发动、邻里互动，提高村民垃圾分类的意识。

二、加强保洁员队伍建设

（一）制定明确、科学的垃圾分类回收标准

可将生活垃圾分为可腐烂和不可腐烂两类进行处置，每家每户配置两格式垃圾桶，并在垃圾桶上将可腐烂垃圾和不可腐烂垃圾的种类详细罗列，让村民易于看懂、易于接受，进行"对号入座"。

（二）提供齐全、可靠和便捷的垃圾分类配套设施和服务

综合考虑村庄的人口规模、住宅布局、交通线路、住房面积等特点安排垃圾分类投放设施，垃圾投放设施应简单、便捷、统一、易识别，位置合理。

（三）垃圾桶、垃圾车实现标准化，防止"混装"现象发生

有条件的地区可以借鉴浙江金华的经验，引进垃圾分类收集车。没条件的地区可以对分类垃圾实施分时段收运。例如，单日收可腐烂垃圾、双日收不可腐烂垃圾，或按早、中、晚收运等。

（四）加强保洁员队伍建设

在制度层面明确保洁员的职责定位、考核体系、薪酬标准，实行垃圾保洁员评优制度，对先进保洁员给予奖励；建立一套专门的培训制度，由浅至深全面地培养农村生活垃圾治理工作队伍；借助现代化的技术，发挥村民主体作用，对混装垃圾等现象进行监督举报。

三、提升垃圾末端回收处理体系

（一）建立一个广泛的垃圾回收利用网络

按照政府主导、市场运作的方式，扶持和鼓励村一级成立废品收购网点，安装废弃物回收设备（如旧衣物回收箱）。乡镇地区适当布设不同规模的垃圾无害化处理企业，包括生物肥加工、炉渣灰制砖、废旧塑料再利用等企业。大力推动农村改厕与建设户用沼气池结合，把食物残渣变成清洁能源和有机肥料，提高垃圾资源化率。

（二）从终端处理环节倒逼前端分类环节

建议借鉴济南的做法，在确定可行的终端处理方法之后，再去倒逼前端的分类环节，即有什么样的分类处理能力就推行什么样的垃圾分类。

（三）推行再生资源回收网络与环卫系统垃圾收运网络两网融合

在环卫压缩站和垃圾转运站旁配套建立再生资源中转站，在街（镇）建立专业或综合再生资源分拣中心，实现传统再生资源回收站（点）与垃圾收运点功能上的整合，达到垃圾与低值可回收物分类收集和储运。

（四）建设有价废品回收体系

在有价废品收购种类规范化的基础上应做到各类低值可回收垃圾的收购，与废品再利用企业共同研究制定包括运输与利润的有价废品回收保障机制，形成集有价废品点（村镇）线（区县）面（省市）的回收、加工利用与集中处理于一体的产业化发展格局。

四、完善多种垃圾分类激励机制的结合

（一）建立短期激励和长期激励关联、奖惩结合的激励机制

分类实践推广初期可采用一些货币刺激和奖励，如小量现金、优惠券、彩票等，但必须建立一套与短期激励相衔接的长期激励关联机制，寻找可持续激励的替代品，保持村民参与的积极性和行为实践。建议借鉴广西横县的做法，采用奖惩并用、激励与监督并行的方法。每月对分类较好的村民发放日用品、表扬信等进行物质、精神奖励；对不配合者采取定点守候、批评和处罚等措施；对顽固分子采取暂停收运其垃圾并安排人员监督、处罚或教育。

（二）建立"向上争取一点、政府投入一点、社会参与一点、农民自筹一点"的"四个一点"的多元化资金筹集模式

有集体经济来源的村，设立专项资金用于农村生活垃圾分类减量处理工作。村集体经济不强的村，可以通过积极主动联系村籍企业主和知名人士，捐助农村生活垃圾分类减量处理经费并实行专款专用。经济发达村，外来人口多，可实行企业包干制度，每个企业每年给予所包干村（社区）一定的农村生活垃圾分类经费，实行专款专用。在条件成熟的村，试点垃圾收费制度，费用由村组干部或卫生理事会上户收取，专项用于村组农村生活垃圾分类减量处理。

五、建立生活垃圾分类治理长效机制

（一）建立完善垃圾分类重要事项的科学决策、民主决策的程序制度

切实保障村民的知情权、决策权和监督权，充分调动村民的积极性，发挥村民在垃圾分类中的主人翁作用。

（二）建立激励公示和环境卫生荣辱榜制度

建议对村民垃圾分类等情况进行打分评比，通过"笑脸墙""红黄榜"等措施，提高村民垃圾分类积极性。

（三）创新推广"路段长、网格化、十户轮值"等多种管理模式

参考河长制的做法，推行路段长制，进行网格化管理。建议依靠村内骨干力量（如村干部、党员、族长）担任小组长，每名小组长以"就亲、就近、就便"原则，结对5~10户村民，监督推行垃圾分类。借鉴安徽庐阳三十岗乡的"十户轮值"方式，村民组以十户家庭为单位，按照就近的原则分片划分成若干小组，确定一人为轮值组长。每十天轮流值日一天，轮值户每日查看并督促农户将生活垃圾进行分类。

（四）建立健全垃圾分类相关法律法规和标准体系，构建垃圾分类长效机制

积极探索垃圾分类处理立法工作，将垃圾分类纳入村规民约，列入村干部竞选承诺，明确村民的责任与义务。

第五章　推动村容村貌整体提升

第一节　村容村貌的概述

村容村貌整洁就是要通过村庄规划与治理，加强农村基础设施建设，改善农村脏、乱、差的现状，达到和谐的人居环境的目标。

一、村容村貌整洁的含义

村容村貌整洁，是指村庄布局合理、基础设施完善、服务设施齐全、生态环境良好，实现村庄布局优化、道路硬化、路灯亮化、饮水净化、庭院美化、环境绿化，构建人与自然和谐的适于人类生存与发展的人居环境。

村容村貌整洁就是要使农村脏、乱、差的状况从根本上得到治理，基础设施配套完备，生态环境和人居条件不断得到改善，呈现出民居美化、街院净化、道路硬化、村庄绿化的面貌。它是农业发展的环境条件，是农民生活的物质载体，建设美丽乡村，以改善农村人居环境为突破口，以提高农民素质和生活质量为根本，协调推进物质文明、精神文明、政治文明建设速度，努力实现人的全面发展和农村经济社会的全面进步。村容村貌整洁是美丽乡村的外形体现，也是建设美丽乡村的有效载体。

首先，从"生产发展"来讲，村庄环境是经济发展的前提条件。生产发展必须依靠好的环境，只有广大农民实现安居，才能乐业、创业，才能逐步实现农业现代化。如果道路难行、水难饮、环境脏乱差，造成疾病丛生、缺医少药，这样的地方，生存都困难，还谈什么创业，发展经济和解决"三农"问题就更无从谈起。城市需要优质的投资环境，农村也需要良好的创业条件和安居环境。

其次，从"生活富裕"来讲，村容村貌整洁是农民生活富裕的要义之一。要减小城乡收入差别，实现城乡共同富裕。如果改善村庄人居环境，尽管以货币计算的农民收入并不比城镇居民高，但农村的实际购买力以及与自然环境紧密结合的居住条件却比城镇相对好，从而形成了一种均衡。村容村貌整洁所产生的效果是让农民直接受惠，提高生活质量。

再次，从"乡风文明"来讲，村容村貌整洁是乡风文明的载体。环境好了，文明的程度才能提高。恩格斯就讲过，"人创造环境，同样，环境也创造人"，这两者是相互作用、相互促进的，也会引起良性循环发展的。抓乡风文明，应该从看得见、摸得着，让农民真正得到实惠的文明抓起。硬件设施的改善，才能使得农民的身心愉悦，才能提高农民对待周围事物的能力。如果村庄破败、污水横流、垃圾遍地，在这种地方去跟农民讲文明，就很难有说服力。

最后，从"管理民主"来讲，管理民主实际上是一种实践，是一种农民自主从"干中学"的过程。成熟的民主体制始终伴随着永不停顿的成功实践。村庄整洁是在农民自主、村民自治、自我决策过程中所形成的民主决策的新内容，这种民主决策直接给农民带来利益，管理民主的习惯从中真正育成。从某种程度上说，村容村貌整洁实现的过程，是实践民主体系的过程，是农村民主体系逐步发育、成长、成熟的过程。所以，离开这些与农民利益休戚相关的实践过程，谈民主管理往往就是空谈。

二、村容村貌整洁的主要内容

随着生活水平提高和全面建成小康社会的推进，农民迫切要求改善农村生活环境和村容村貌。各级政府要切实加强村庄规划工作，安排资金支持编制村庄规划和开展村庄治理试点。可从各地实际出发制定村庄建设和人居环境治理的指导性目录，重点解决农民在饮水、行路、用电和燃料等方面的困难，凡符合目录的项目，可给予资金、实物等方面的引导和扶持。加强宅基地规划和管理，大力节约村庄建设用地，向农民免费提供经济安全适用、节地节能节材的住宅设计图样。引导和帮助农民切实解决住宅与畜禽圈舍混杂问题，搞好农村污水、垃圾治理，改善农村环境卫生。注重村庄安全建设，防止山洪、泥石流等灾害对村庄的危害，加强农村消防工作。村庄治理要突出乡村特色、地方特色和民族特色，保护有历史文化价值的古村落和古民宅。要本着节约原则，充分立足现有基础进行房屋和设施改造，防止大拆大建，防止加重农民负担，扎实稳步地推进村庄治理。

美丽乡村村容村貌整洁的目的，就是以村庄规划为龙头，以治理污染为重点，以"清洁水源、清洁家园、清洁田园"工程为抓手，以"农村废弃物资源化、农业生产清洁化、城乡环保一体化、村庄发展生态化"为主题，科学规划、统一组织，因地制宜，分类指导，深入开展农村环境综合整治，建立农村环境长效管理机制，改善农村环境质量，构建适于农村居民生存与发展的人居环境。

结合上述的论述，我国村容村貌整洁的内容应该包括以下 5个方面。

（一）布局合理

所谓布局合理，就是指农村的人居生产生活环境，应本着有利生产、方便生活的原则合理布局，使生产环境高效、生态、安全，生活环境清洁、卫生、舒适。要按照生态经济学的原理，科学设置农村环境的功能分区，使居住功能区、农业功能区、文体活动区等区域相互协调、和谐共处。在农业功能区应大力推广生态农业、有机农业，改善农村生态环境，实现农业生产的良性循环。在居住功能区应树立循环经济理念，推广生态建筑，优化农村居住环境，实现居住环境生态化。

布局合理在达到上述目标的同时也应该考虑不同民族和不同地域的实际情况，例如，我国南北方地理条件不同，对于村庄布局的功能分区就不能按照同一个标准来进行。这中间还涉及民族的传统和习惯问题，一定要在尊重民族传统和习惯的前提下来进行标准化的建设。

（二）设施完备

所谓设施完备，就是指农村的基础设施配套工程的建设要完备。当前城乡差距中一个重要的方面就是农村在公共基础设施方面与城市的差距，因此在美丽乡村的建设中针对农村的交通、供水、供电、通信、环保等基础设施的建设要齐全配套，抗汛防汛、排污、消防等防灾设施要比较完备。

截至2019年底，全国农村公路里程已达420万千米，实现具备条件的乡镇和建制村100%通硬化路；截至2020年8月底，基本实现具备条件的乡镇和建制村100%通客车。2022年，我国环境卫生基础设施日益完善，农村集中供水率和自来水普及率分别达到89%和84%，农村环境卫生状况明显改善。

（三）街巷整齐

农村街巷要规划合理、道通路平，无乱堆乱放、乱搭乱建、乱贴乱画、乱排乱倒现象。现在的问题是，我国有近60%的村庄没有建设规划，有的村庄内宅基地高低不平，有的街巷交错混乱，村庄布局杂乱无章。多数村庄内禽畜混养，粪便及生活垃圾没有进行无害化处理，街巷内污水横流，村庄环境脏、乱、差。实现村容村貌整洁必须整治街巷、人畜分开、规范垃圾处理与排放。

（四）庭院整洁

庭院要布局合理，绿化美观、建筑风格个性与共性相映成趣。充分发挥庭院经济功能，营造庭院生态经济环境。充分利用庭院空中、地面和地下的空间，养花种果，为人居生活创造良好条件。通过沼气池将人、畜及其他生活垃圾进行生态化处理，变废为宝，实现废物的无害化利用。

（五）生态良好

村容村貌整洁中还有一个重要的方面是生态的良好持续发展。村容村貌整洁的范围应该不仅限于村庄内部，还应该有一个生态良好的周边环境。对于生态环境的要求是：山要青，水要绿，天要蓝，空气要洁净，四边（路、河、塘、宅）要绿树成荫，要保证农民喝上洁净的水，呼吸新鲜空气，吃上安全放心的食物。同时，结合现有的资源状况，开展"生态村庄"的建设活动，引领大家积极加入"生态村庄"的建设中来，有条件的地方也可以结合活动建设开展"生态旅游"或者"农家游"活动，让美好的环境在带来愉悦身心的同时也带来积极效应。

第二节　扎实推进村容村貌美化

一、改善村庄公共环境

全面清理私搭乱建、乱堆乱放，整治残垣断壁，通过集约利用村庄内部闲置土地等方式扩大村庄公共空间。科学管控农村生产生活用火，加强农村电力线、通信线、广播电视线"三线"维护梳理工作，有条件的地方推动线路违规搭挂治理。健全村庄应急管理体系，合理布局应急避难场所和防汛、消防等救灾设施设备，畅通安全通道。整治农村户外广告，规范发布内容和设置行为。关注特殊人群需求，有条件的地方开展农村无障碍环境建设。

二、推进乡村绿化美化

深入实施乡村绿化美化行动，突出保护乡村山体田园、河湖湿地、原生植被、古树名木等，因地制宜开展荒山荒地荒滩绿化，加强农田（牧场）防护林建设和修复。引导鼓励村民通过栽植果蔬、花木等开展庭院绿化，通过农村"四旁"（水旁、路旁、村旁、宅旁）植树推进村庄绿化，充分利用荒地、废弃地、边角地等开展村庄小微公园和公共绿地建设。支持条件适宜地区开展森林乡村建设，实施水系连通及水美乡村建设试点。

三、加强乡村风貌引导

大力推进村庄整治和庭院整治，编制村容村貌提升导则，优化村庄生产生活生态空间，促进村庄形态与自然环境、传统文化相得益彰。加强村庄风貌引导，突出乡土特色和地域特点，不搞千村一面，不搞大拆大建。弘扬优秀农耕文化，加强传统村落和历史文化名村名镇保护，积极推进传统村落挂牌保护，建立动态管理机制。

四、发展墙壁文化

针对农村文化建设薄弱的特点，宜发展墙壁文化。对村庄街道两侧的墙壁、公共活动场所的墙壁及临街花墙，应统一进行粉刷、美化。可镶嵌彩色的山水画，并将本村的发展规划思路、创新举措、奋斗目标等精辟语言纳入其中，使村民在欣赏山水风情的同时，领悟美丽乡村文化建设的内涵，以此达到鼓劲提神、激发建设美丽乡村热情的作用。

五、建立"月末保洁日"

为保持良好的卫生环境，县、镇级政府在发挥环卫部门作用的同时，还应在村庄建立"月末保洁日"。在规定的时间内，组织村民打扫街道、社区公共场所的卫生，集中清除垃圾，并将此作为一项制度长期坚持下去。

六、清除白色污染

针对农村白色垃圾随处乱丢的现象，各村应在村民中广泛开展环保教育，并以利益驱动机制来调动村民治理白色污染的积极性。对村民使用的食品袋、餐盒、塑料薄膜等，可按照高于小贩的收购价格，采取"户收集、村收购，以物换取其他生活用品"的办法，清理白色垃圾，激励村民养成自觉维护环境卫生的良好习惯，共同创造舒适的生产、生活环境。

七、成立村民环卫保洁队

在村庄定点设置垃圾池（箱）的同时，村级组织还应面向村民，采取竞聘上岗的办法配置专职环卫保洁队伍，负责打扫街道卫生。对于住宅区域内定点存放的垃圾应及时清理收集，运至村外集中存放，确保村内街道及公共活动场所干净整洁。对保洁队伍实行效益工资的管理方法，即卫生达标，按月发放工资；否则，对其工资予以酌减或将其辞退。

（一）按户划分责任区

为使村内街道保持长久整洁，还可把村内街道、胡同的占地总面积分解到户，由各户负责清理门前柴草、粪土，保持责任区的卫生清洁，并与村民委员会（以下简称村委会）签订门前卫生责任书。符合卫生标准的农户，村委会每月可向该农户发放一定的卫生保洁费，旨在建立家家参与、户户受益的长效机制，以此养成家家爱环境、人人护环境的良好习惯，保持村容环境的整洁。

（二）成立林路管护队

对于完成街道路面硬化和形成林网的村庄，村集体可组建林路管护队伍。建立管护制度、制定管护政策、落实管护责任，探索利用市场机制和手段进行工程管护的路子，做到项目竣工，管护上马，以便对所建道路定期维护保养，保证车辆行人畅通无阻。对村内外栽种的树木花草定期浇水，专职看护，巩固绿化成果。

第六章　建立健全长效管护机制

第一节　持续开展村庄清洁行动

一、高度重视，进一步提高思想认识

深入学习贯彻习近平总书记重要指示批示精神，全面落实中央农村工作会议要求，可围绕"共建洁美家园·喜迎党的二十大"等主题，坚持"立足清、聚焦保、着力改、促进美"要求，持续深入开展村庄清洁行动，加快推动村庄环境从干净整洁向美丽宜居迈进。

二、强化标准，拓展"三清一改"内容

全面"清脏清废"。在村庄清洁的基础上，创建美丽庭院，彻底清理生产生活垃圾和畜禽粪污、废旧农膜、尾菜、秸秆、农业投入品包装物等废弃物，整治非正规垃圾堆放点，清理塘沟，整治黑臭水体，努力实现全域彻底清洁。集中"拆违治乱"。全面整治村内随意堆放的土堆粪堆、柴草秸秆、柴草杂物、建筑材料等，依法依规拆除乱搭乱建、长期废弃、存在安全隐患或影响村容村貌的畜禽圈舍、残垣断壁。整治规范在农村墙面、电线杆等乱贴乱画的户外广告、加强电力线、通信线、广播电视线"三线"管控，整体提升村容村貌。实施"绿化美化"。结合我区国

家碳汇林建设，多措并举加大"沿路沿线"绿化力度，动员群众栽种"小花园""小果园"，在房前屋后空闲地养花、种菜，在四旁（水旁、路旁、村旁、宅旁）植树，推进村庄绿化美化。

三、加大宣传，培养农民群众健康卫生习惯

充分利用积分超市、文明家庭、美丽庭院创建等平台，充分发挥党员带头、乡贤能人、好婆婆、好媳妇等先进模范作用，多措并举普及卫生健康常识、卫生如厕和垃圾分类减量、生活污水治理等方面的知识，带头清理自家庭院卫生环境、整治村庄公共环境，带动群众清理房前屋后、庭院内外环境卫生，引导农民群众提高清洁卫生意识，营造了"人人有责、人人参与"的良好氛围。

四、组织保障，不断健全长效机制

统筹协作，区级、镇级、村级形成三级联动格局，不断强化农村人居环境整治工作机制，不断加大资金投入保障，不断优化公益性岗位和保洁员队伍建设格局，不断完善"门前三包""巾帼家美积分超市兑换"等机制，定期调度工作进度，定时公示"美家美户·洁净人家"示范户评比结果，及时总结在工作中的经验做法，推动农村人居环境整治长效化常态化。

第二节 健全农村人居环境长效管护机制

《行动方案》明确指出，要健全农村人居环境长效管护机制，明确地方政府和职责部门、运行管理单位责任，基本建立有制度、有标准、有队伍、有经费、有监督的村庄人居环境长效管护机制。党的十八大以来，以习近平同志为核心的党中央高度重

视农村人居环境整治工作，并取得明显成效，农民群众生活质量普遍提高。同时也应看到，我国农村人居环境与农业农村现代化要求、与农民群众对美好生活的需要仍有差距。其中，农村人居环境长效管护机制建设问题相对比较突出。全面提升农村人居环境质量，要建更要管，必须加快建立健全长效管护机制，加强全过程、全生命周期管理，全面提升农村人居环境整治成效。

一、建立农村人居环境长效管护队伍

农村人居环境整治提升行动开展以来，部分地区人居环境管护工作要么群众发动不充分，要么群众参与渠道不畅，致使管护队伍中农民占比偏低，导致管护工作与农民实际需求脱钩、资源浪费等问题。加快建立长效化管护队伍，构建以农民为主体、多方参与的共建共治共享基层管护新格局势在必行。一是要做好管护宣传工作，激发农民主体意识。应借助一些新媒体手段如公众号、小视频、专题片等，围绕农村人居环境管护重要性开展宣传。二是要积极拓宽人才参与管护渠道。乡镇政府应充分发挥自身组织领导能力，完善人才参与机制，充分调动当地人才，同时引进外来人才，主动发掘人才的关键作用。三是要加强人居环境管护专业技能培训。应采取线下线上或二者相结合等方式，定期举办管护专业技能培训活动，组织乡镇工作人员学习示范村庄建立管护队伍的先进经验。

二、建立农村人居环境长效管护制度

当前农村人居环境管护机制建设刚刚起步，相关制度的系统性、完整性还有待加强。一是要全方位完善管护制度。围绕管护工作多个方面，尤其是明确农村基础设施产权归属、建立健全管护标准规范等，打好农村人居环境管护制度基础。二是要系统梳理内部关系，发挥制度的整体效应。面对农村复杂的管护现状，应突出把握管护工作各项任务之间的关联性，着重强调对制度整体性、协同性要求，在相互促进中推动农村人居环境管护工作的高效进行。三是要立足实际，保障管护制度稳步推进。农村人居环境管护工作涉及农民的切身利益，务必要保持审慎态度，不可急功近利。要将管护制度建立与农村发展、稳定等因素结合起来，由点到面逐步推进，以农民满意度作为根本标准，守好管护工作底线。

三、建立农村人居环境长效管护经费保障机制

随着人居环境整治工作的深入，我国农村村级组织经费紧张问题日益突出。一是要加大农村人居环境管护财政投入力度。在农村社会事业方面，城乡差距依然比较显著，农村社会事业发展仍存在较大资金缺口，人居环境财政投入应继续纳入政策支持选项。二是要充分发挥村级组织力量，做好经费统筹工作。有必要以村为单位，统筹利用村集体经济力量，同时不断吸引社会资本加入，加快形成管护社会化服务体系和服务费市场化形成机制。三是建立健全农户合理付费机制。因地制宜探索建立农户缴费分摊机制和相关使用者付费制度，对厕所粪污清淘、垃圾处理等收取农户合理费用，适度缓解政府财政压力。

四、建立农村人居环境长效管护监督机制

当前，一些地区在农村人居环境整治提升中存在重速度、轻质量等问题，导致出现了一些"民怨工程"，必须加快建立健全相关监督机制。一是要加快农村人居环境管护法治化，进一步明确政府、村组织、村民、企业等各参与主体的权利与责任，把农村人居环境管护工作落到实处。二是要加快完善管护监督流程。

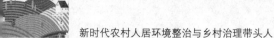

建立村民定期上报、自查以及互查机制，利用互联网、大数据、人工智能等先进科技手段，进行全方位、全天候动态监督管理。三是要全面发挥群众的监督作用。加快推进农村人居环境长效管护信息公开透明化，保障村民的参与权和知情权，通过设立举报监督电话等方式，确保把民生工程做好、做实，推动农村人居环境管护工作迈出新步伐，取得新成效，展现新气象。

第二篇 乡村治理带头人

第七章 乡村治理带头人的概述

第一节 乡村治理带头人

在我国传统里，治国济世莫不以农村、农民为重。乡村治理，其中一个关键是选好带头人。改革开放以来，大批致富能人在农村涌现，成为带领群众发家致富、乡村振兴的重要力量，并形成了独特的"能人治村"模式。

党的二十大报告指出，加快建设农业强国，扎实推动乡村产业、人才、文化、生态、组织振兴。人才是乡村振兴的五大重点之一，特别是乡村治理带头人，直接关系乡村振兴能否平稳有序进行。

办好我国的事情关键在党、关键在人，构建乡村治理新体系同样如此。乡村治理是社会治理的重要组成部分，也是乡村振兴的关键和基础。2022年中央一号文件明确提出要健全党组织领导的自治、法治、德治相结合的乡村治理体系，推行网格化管理、数字化赋能、精细化服务。深化乡村治理体系建设试点示范。然而在具体实践中，乡村治理却面临诸多问题，如贫困村后期乏力、村组织软弱涣散、村集体经济薄弱等等。造成这些问题的主要原因是乡村治理的队伍建设不到位，强人难选、能人难留、人才难引、力量难聚等。当前，构建乡村治理体系，必须在构建和完善乡村治理的队伍体系上下真功夫出真招。

一、选好能力过硬的乡村治理"领头雁"

"提衣提领子，牵牛牵鼻子"。农村基层党组织是乡村治理的关键力量，基层党组织书记是关键中的关键，只有配好农村党组织书记这个"领头雁"，乡村治理才会有坚强保证。针对当前村支部书记"无人能选""强人难选"的现象，一方面要做好"育"的文章；另一方面要加大"引"的力度。在"育"上，要充分发挥党组织培养锻造干部的作用，尝试村级优秀党员干部参与乡镇党组织生活的做法，以更高要求锻造村级党员干部过硬的政治品格；要探索建立优秀党员干部定期跟班学习机制，让优秀党员干部提前进入村支部书记的培训序列，提前做好能力准备；要利用第一书记的传帮带教作用，在乡村治理实践中培养新人。在"引"上，要利用地方优势，把乡村振兴的美好前景、乡村治理的广阔舞台送进高校，推动高校毕业生与村支部书记的信息流动；要抓住产业扶贫、产业兴旺的重要机遇，推动乡村治理与产业兴旺的融合发展，用特色产业吸引外出打拼的企业家、农民工返乡任职；要建立退伍军人后备干部的人才库，加大对干部的培养选拔力度。

二、配强担当作为的乡村治理"抬庄人"

"一个篱笆三个桩，一个好汉三个帮"。推动乡村治理，不仅需要本领过硬的村支书的引领，也需要能力突出的村干部的"抬庄"。只有村干部"到位不越位，补台不拆台"，乡村治理工作才能出彩。首先，要把好"第一关"，把政治意识、大局意识作为选拔村干部的首要标准，为班子团结打好基础；其次，要在畅通副职晋升渠道的同时，切实认清副职与主职待遇之间存在较大差距的事实和危害，探索建立更加公平合理的考核奖惩机制，逐步缩小村干部之间的待遇差距，进一步激发村干部协作实干的积极性。

三、用好专业素质过硬的乡村治理"指导员"

坚持党委领导、强化党委指导，是构建乡村治理新体系的基本要求和重要法宝。尤其是面向贫困村、软弱涣散和集体经济空壳村。配齐乡村治理"指导员"是被实践充分证明的必然选择。首先，要突出政治性、专业性原则，做好乡村治理短板与机关职能优势的对接，从市县镇等各级机关选派第一书记，配套建立第一书记派驻工作机制，为第一书记营造"不仅能安心驻村，更能善为助村"的工作环境；其次，要用好"轻痕迹重实绩"的考核指挥棒，将村级治理成效的高低、优劣作为派出驻村工作组或扶贫工作队成绩的最直接考评指标，确保工作组驻村不仅痕迹"过硬"，实绩更"过硬"。

四、培育率先垂范的乡村治理"先行军"

党员表率是最好的动员令。党员是村级后备干部的重要组成部分，是推动乡村治理的"先行军"，培育好这支队伍，可以充分发挥农村党员的先锋模范作用，在构建乡村治理新体系中起到事半功倍的成效。

一是把握新时代党员的更高标准和更严要求，注重从辖区产业工人、青年农民、致富带头人和非公有制经济优秀员工等先进群众中发展党员，从源头上优化党员队伍的结构、提升党员队伍的质量。充分运用农村党员干部现代远程教育平台、"学习强国"移动端平台，定期开展党员教育培训。二是落实党员积分管理制度，加大农村党员的考核结果运用，以评选表彰等精神奖励为主要方式激励高积分党员，并做好优秀党员的宣传活动，增强党员的使命感和荣誉感，营造比学赶超的良好氛围。三是探索为党员设岗定责的工作方式，将全体党员分层级、分批次划为环境卫生、厕所革命、法治宣传等责任区的责任人，督促党员在日常乡村治理中发挥带头引领作用。

五、引入专业突出的乡村治理"新力量"

探索建立志愿者队伍参与乡村治理的工作制度，充分发挥全省已注册志愿者服务队伍的力量，对标乡村治理中的突出问题，补充完善乡村治理的人力和专业短板。要重视社会组织参与乡村治理的积极性和优势，逐步加大对社会组织培育的力度，激活社会组织活力，发挥社会组织在动员群众、建设基础设施提供公共服务等诸多方面的积极作用，使社会组织能够成为乡村治理的"有效补充"力量。要进一步推进综合行政执法改革向基层延伸，推动执法队伍整合、执法力量下沉，着力解决乡村治理中无执法权、执法难、执法慢等突出问题。

第二节　乡村治理面临的问题

乡村社会治理是我国社会治理的重要组成部分，它既是维护经济社会发展全局的基础环节，也是目前我国社会治理亟待加强的薄弱环节。近年来，随着党对"三农"工作的进一步加强，城乡一体化建设步伐逐步加快，农业发展水平不断提升，乡村建设面貌发生新变化，农民生活质量也得到改善，为乡村社会和谐稳定奠定了坚实的基础，但与此同时，乡村利益主体日益多元化。农民的利益诉求更加强烈与广泛，乡村经济社会发展中的新情况新问题新矛盾日益凸显，乡村社会治理面临许多新的挑战。这些新问题、新矛盾、新挑战为乡村社会治理新理念的形成奠定了重要的现实状况基础。

社会治理不仅是政治问题，也是民生问题，尤其是乡村社会治理问题矛盾日益突出。近年来，我国乡村社会治理面临的突出问题主要有农民民生问题、乡村空心化问题、乡村社会治安问题、乡村社会治理法治化问题、乡村社会管理碎片化问题、合村带来乡村社会有效管理问题。解决这些乡村社会治理问题意义重大，关系我国社会的稳定以及人民的富足安康。

一、农民民生问题

农民的民生问题是我国乡村社会治理面临的突出问题之一。农民的民生问题主要表现在以下 3 个方面。

1. 乡村社会保障体系有待建立和完善

近年来，随着城镇化和工业化不断推进，城乡统筹进程不断加速，乡村地区的收入水平不断提高，但是乡村社会保障体系还不完善，乡村养老、农民住房、农民就业等问题仍然任重道远。

2. 乡村公共事业发展落后

目前，在乡村社会治理中，公共产品供给明显不足，公众参与机制不健全，政府与社会组织互动机制缺乏。特别是欠发达乡村地区，公共事业发展严重滞后，基础设施建设不齐全，乡村的卫生、教育和医疗水平长期落后于城市，农民看病难，学龄儿童上学难，农民的实际获取与现实需求难以平衡。在社会转型背景下，农民群众增收难、创收难，不能与城镇居民享受同等的公共服务资源。

3. 乡村脱贫任务艰巨

改革开放以来，通过扶贫开发、取消提留款、精准扶贫等不同方式与各种途径平衡城乡收入差距，但是我国经济发展不平衡、协调性差、可持续性遇阻等问题十分突出，有些地区脱贫攻坚的任务仍然十分艰巨，如中西部地区总体落后于东部地区，乡村明显落后于城镇，革命老区、民族地区、边疆地区等成为扶贫开发难点。

二、乡村空心化问题

乡村的空心化问题既指村庄、土地的空心化，也指乡村社会管理、教育资源、文化资源的空心化。究其原因，乡村青年留乡意愿强度减弱的趋势，是现有体制下乡村青年为改善生存境遇而自发选择的结果，其出发点在于提高自身的生活水平，结果却导致个体幸福感受损。因地理状况以及土地的产量低下等原因导致大量农民外出打工。近几年乡村的土地大量闲置，农民经常外出打工，尤其是新生代农民工出去打工不愿意再回到乡村。家庭作为社会管理的基本细胞，其深刻变化给乡村社会管理带来的挑战与日俱增，其负面影响不容小视。"三留守"问题成为乡村社会治理的短板，使基层政权"空心化"、村级选举难以为继、村委会运行困难。"三留守"问题也使乡村人口的管理和服务需要大力加强。如人口流出的乡村地区村庄出现了"空村化"现象，人口流入地区的人口数量大量增加，有的地方出现了外来农民多于当地人口的现象，这些都对乡村社会管理提出了一系列新的挑战。当前，我国已进入老龄化快速发展阶段，如果不能及时调整覆盖城乡居民的社会保障体系，并鼓励和稳定新生代农民在乡创业，则乡村社会管理的老幼留守、村庄凋敝、社会养老服务的提供短板等问题将日益突出。

三、乡村社会治安问题

作为我国社会发展"稳定器"的乡村，一直是国家加强社会稳定工作与社会治理的重点。近年来，伴随着社会转型，社会出现断裂，社会利益主体发生分化，权势阶层与弱势群体的冲突加剧、基层政府和干部的行为出现强制的暴力倾向，这使得社会的和谐与稳定面临着极大挑战。当前一些乡村地区，由于利益调节不到位，群体性事件呈上升趋势，大量潜在的矛盾日益凸显出来，并在一定程度上开始激化，给乡村社会管理带来了挑战。如土地纠纷、乡村集体资产管理、乡村生态环境保护以及乡村弱势群体权利保护等问题时有出现，冲击乡村稳定和谐；随着乡村群体性事件日渐增多，"稳定压倒一切"的行政执行逻辑对乡村社会管理创新提出了挑战。

乡村的社会治安管理问题产生的原因主要有以下两点。

1. 乡村社会治安管理力量薄弱，造成社会治安管理工作力不从心

乡村社会管理不到位，刑事犯罪问题比较突出，特别是杀人、抢劫、偷盗、诈骗等侵财性刑事案件和打架斗殴、故意伤害等刑事案件近几年来在乡村居高不下，呈上升之势。

2. 乡村人口的流动

随着人员流动性大大增强，失地农民不断增多，乡村社会治安管理面临一系列新情况、新问题，如制假贩假、吸毒贩毒、贩卖人口、偷盗、传销、封建迷信、黑恶势力等问题日益凸显，严重侵蚀着乡村的社会稳定。城区警务加强的同时，一些治安问题则向乡村进行转移，乡村社会管理问题进一步凸显，乡村治安工作如不能及时跟上，极易成为违法犯罪的"洼地"。

四、乡村社会治理法治化问题

乡村社会治理法治化程度不高已经成为我国社会治理的一个弊病。由于乡村基层政府传统思想和自我法律约束力弱，习惯性社会控制和强制执法，导致乡村社会的社会治理执法问题矛盾尖锐，多次出现强烈民政冲突。如政府管理模式单一，社会治理依法行政理念缺失，社会组织发展缺乏有效的法律保障和约束，司法职能不能有效发挥，乡村社会缺乏现代化法律文化支撑。当前在乡村社会，环境保护、土地征收、房屋拆迁等方面产生了较多问题，政府的权力应当受到相应的限制和约束，相应的社会管理行为都应当依法进行，不能以维护公共利益为借口侵犯农民的合法权益，避免社会矛盾的发生。我国乡村社会的法治观念普遍薄弱，因为乡村社会运行遵循的主要不是法，而是"礼"，所以乡村社会出现什么问题，一般不会诉诸法律，而是会依据当地传统，找有威望的人出来解决。这些问题的出现，并不是国家政策不好，而是国家对乡村社会疏于管理，政府往往过于关注农民的经济困难问题，而对农民素质提升和净化乡村社会环境等关注度相对较低。

五、乡村社会治理碎片化问题

宏观上，乡村社会治理存在着整体的结构性碎片化问题。有学者研究了这种碎片化问题，他们从社会管理价值取向、公共文化塑造、共同体构建、动力提升、功能开发5个角度分析了乡村社会管理问题，提出当前存在的农民主体价值缺省、公共精神结构性缺失、社区认同渐行渐远、社会与国家间关系有待理顺、乡村自主性成长有待加强等问题，严重阻碍着乡村的发展，并进一步提出，应当采取渐进策略，整合相关资源，以改变原来局部、断裂、破碎、分散的状态。人们普遍认为乡村社会管理的主要问题在于社会组织体系的缺失。

六、合村带来乡村社会有效治理问题

随着乡村改革的深入推进，乡村的并村运动已成现实，基本上是两村合并为一村。这使得每个建制村管辖的地域范围不断扩大，从而在一定的阶段会影响乡村社会的有效治理。有学者指出，并村太快，并村的规模太大，威胁乡村的社会有效管理，导致村干部和村民之间的制度性联系减少，产生了乡村社会管理社情民意不明了、管理服务不到位、诉求渠道不畅通、矛盾化解不及时等新问题，传统的社会管理方式已难以适应群众日益增长的服务需求。

第三节　乡村社会环境的治理

我国有众多乡级行政单位和广袤的乡村土地，大量的农民和土地在广大的农村地区，因此乡村地区的社会环境治理与农民的生活密切相关，乡村环境的好坏关系我国数以亿计农民的生活、政治和经济。当前，乡村环境治理问题继土地征用、公共物品供给和乡村民主等乡村社会治理问题后成为当前亟待解决的新难题。我国乡村环境已严重威胁广大农民的生产发展与生活质量，如不抓紧解决，势必会影响新乡村建设和乡村的和谐稳定。

一、乡村生态环境治理

生态环境与人类生活息息相关，一旦其遭到破坏，人类的生活就会受到影响。现在人类已经认识到了环境保护的重要性，加大了对环境治理的力度，但是随着经济社会的不断发展，乡村生

态环境治理总体形势仍然十分严峻，环境脏乱差问题仍旧比较突出，而且还呈现出污染从城市向乡村转移的态势，乡村地区正在受到乡镇企业污染和城市污染转移的双重威胁。乡村面临着乡村耕地资源、水资源环境、大气质量、人文居住环境和生物多样性等生态环境安全问题，并且已严重影响和阻碍和谐社会构建。究其原因，可以归纳为以下6点。

一是乡村生态环境治理措施和能力建设不到位，治理机制系统化设计的不足，缺乏环境专业管理部门和专业管理人员，治理效果成效甚微。

二是农业种植方式不合理，经济发展方式不当。

三是投入不够，大多数乡村生态环境基础设施比较脆弱，政府对生态环境的投入主要集中在城市生活和工业的治理方面，对乡村生态文明建设的重视程度和投入力度严重不足，由此形成的城乡差距不断加大、乡村生态环境不断恶化等社会问题，影响了乡村现代化的进程。

四是环境保护意识不强，乡村居民对生态环境的认识不足，存在前面清理、后面污染的现象，在参与乡村生态环境治理时缺乏积极性。

五是乡村生态环境保护监管仍远远滞后，地方监管体系未形成，许多地区乡镇机关针对当地土壤、水质、空气等保护没有做到时时监测、处处监管。

六是城乡一体化进程中乡镇工业污染严重，一些城市污染进入乡村，乡村生态系统发生改变。

农村生态环境治理是随着乡村生态环境的破坏和恶化而展开的一项复杂的社会系统性工程。乡村生态环境的全面综合治理主要包含对乡村水资源（尤其指农民的生活饮用水和生活废水）、生活垃圾、农业生产废弃物、乡村耕地资源、矿产资源乱开采等问题开展治理，就是要以改善乡村生态环境质量为目标，以提高乡村生态文明水平为主题，以治脏、治乱、治污、治林、治水、治路为重点，加快推进乡村改水、改厕、改厨、改圈、改房"五改"，加快推进乡村清洁家园、清洁水源、清洁田园、清洁能源"四清"，加快推进乡村道路硬化、路灯亮化、卫生洁化、环境美化、村庄绿化"五化"工程建设，全面改善乡村人居环境，提高乡村生态环境质量。

党中央、国务院高度重视乡村生态环境治理和生态文明建设工作。随着人民生活水平的提高，物质生活的充盈，人们越来越意识到因经济发展而牺牲的环境问题。乡村环境的恶化，如山火、植被减少后土地沙漠化、荒漠化，垃圾的处理等，成为社会关注的焦点。近些年来，国家对于乡村生态环境的治理和保护极为重视。

2016 年 4 月，习近平总书记在农村改革座谈会上强调，"中国要美，乡村必须美"。习近平总书记特别关注乡村生态环境的治理工作，强调走向生态文明新时代，建设美丽中国，是实现中华民族伟大复兴中国梦的重要内容。在正确处理生态环境保护与经济社会发展的关系上，习近平总书记提出了"既要绿水青山，也要金山银山。宁要绿水青山，不要金山银山。绿水青山就是金山银山"的"两山理论"。习近平的"两山理论"产生于乡村，强调了优美的生态环境就是生产力、就是社会财富，也凸显了生态环境在乡村经济社会发展中的重要价值。乡村生态环境治理是一条利用绿水青山发展生态农业、生态旅游之路，是一条让乡村绿水青山变成金山银山之路，从根本上破解"三农"问题，促进了"美丽乡村"建设。为了建设农民的幸福家园，加强乡村生态环境治理，党中央还高度重视新乡村建设，认为新乡村建设要"注意乡土味道，保留乡村风貌，留得住青山绿水，记得住乡愁"。乡村环境污染治理和生态保护工作是环保工作的重要组成部分，不仅关系乡村的青山绿水、乡村自身经济、乡村旅游与农业的可持续发展，也直接影响城市的环境质量，需要得到进一步加强。如何治理乡村生态环境问题，留给城乡一片干净的生存空间和享受空间，是实现城乡融合与协调的关键。乡村是社会和谐的基石，建设美丽乡村，践行生态文明，亟须推进乡村生态环境综合治理。抓好乡村生态环境治理是我们党、政府和社会公众应尽的义务和责任。为此，我们应从以下4个方面着力解决乡村生态环境污染的突出问题。

（一）构建多元主体的协同治理机制

党的二十大报告指出，要着力解决突出环境问题，环境稳定是当前的大难题，乡村绿化好、环境好、空气好，但是乡村的垃圾是制约这些美景的重要因素，乡村社会治理不像城市那么集中、交通便利、处理技术高级、人文意识强，人民居住区域的集中，使垃圾能快速地集中处理，乡村由于大量的村民分散居住没有统一的垃圾场，垃圾不分类，为了方便一般就近倾倒，导致这里一堆，那里一堆，最终难以清理，严重影响环境。乡村的环境问题主要靠政府处理和引导，结果政府自己处在乏倦期问题也没有处理好，因此构建多元主体相当有必要，构建以政府为主导、企业为主体、社会组织和公众共同参与的环境治理体系。针对当前乡村生态环境治理中主体单一、政策歧视、法制薄弱等问题，应当坚持系统化设计原则，建立一个健康长效的生态治理机制，既要健全政府主导的行政治理机制、构建全民参与的基层治理机制、引入第三方治理的市场运作机制，也要完善乡村生态治理的法律约束机制和宣传教育机制。构建多元主体的协同治理机制，在创新理念下，全面提升我国乡村的生态环境治理效果。

政府在乡村生态环境治理中应占主导地位，发挥主导作用。

乡村生态环境的全面治理要坚持以政府为主导，通过颁布和制定乡村生态环境保护的法律法规对乡村环境治理做出长远规划，建立强有力的环境监测和管理执行体系、执行队伍，加大乡村生态环境基础设施建设与投入，积极开展乡村生态环境教育，培育乡村生态文明氛围，协调各方的环境利益，引导社会力量参与乡村环境治理，加强各群体间的交流与合作，组织、执行、监督乡村环境保护工作等。乡镇政府具有维护乡村生态环境健康的职责，因此，乡镇政府在自身治理的过程中，要转变自己的观念，既要抓生产，又要抓生态环境治理。

随着经济社会的发展，乡村生态环境问题越来越严重，加强乡村生态环境治理刻不容缓，但是单靠政府的力量，是无力担当起其管理与保护生态环境的全部责任的。在我国乡村村域生态环境管理与保护中，推行村级管理体制，应该是乡村生态环境管理与保护的长治久安之策。村级管理作为家庭管理的延伸、国家管理的下沉，它能够有效整合乡村居民的环境保护力量，使生态环境管理与保护成为亿万农民的共同行动和全社会的事业，这是实现我国乡村生态环境保护治理的有效机制，是一种较为科学的管理模式。对生态环境资源共同所有、共同开发和共同保护，而村庄代表公共利益，对乡村生态环境资源享有治理权和调控权。

公众参与的广度和深度很大程度上决定着乡村生态环境治理的水平。乡村生态环境治理是一项涉及公共利益的事务，公众自然拥有参与其中的权利，但是现阶段我国缺乏一套明确的公众参与法律规范和制度体系，这就造成公众参与乡村生态环境治理时随意性比较强。因此，国家应当加强公众参与生态环境治理的立法建设，为农民参与乡村生态环境治理政策提供合法性保障。公众参与在生态环境治理中极为重要，而目前公众参与乡村生态环境治理不仅缺乏顶层设计，而且公众淡薄的生态意识、不健全的公众参与机制以及不完善的法律制度等因素严重制约着公众参与乡村生态环境治理事务。在完善《中华人民共和国环境保护法》及相关法律的基础上，制定一批对乡村生态环境保护具有针对性的专门法，如《乡村环境保护法》《中华人民共和国乡村清洁生产促进法》等，保障公众参与乡村生态环境治理。政府在生态环境治理中的引导力和监督力由政府的生态环境治理能力决定，其能力强弱更是直接影响着政府在促进公众参与乡村生态环境治理中作用能否有效发挥。在乡村生态环境治理中，通过规范、关系网络和信任机制的共同作用实现社会整合，可以有效促进社会参与和社会合作，从而弥补传统治理模式的真空，提升乡村环境治理绩效。

党和政府治理乡村生态环境的政策要取得良好的效果，离不开与乡村生态环境利害相关的农民群众的支持。以农民为主体的社会公众既是当下乡村生态环境破坏的施动者，也是环境改善的直接受益者。随着生态文明的逐步推广，越来越多的农民已经深刻认识到环境保护的重要性，他们会积极拥护"造福千秋万代"的乡村生态环境治理政策，并以主人翁的意识推行政策，为美好家园的恢复做出积极贡献。除此之外，乡村居民常年生活在乡村，拥有丰富的乡土知识经验以及处理乡村问题的一整套独特技能和手段，比任何外来者都更为了解乡村的实际状况，因此，让以农民为主体的公众从决策建议、过程治理、环境信访、环境诉讼、行为治理、末端治理等方面参与到生态治理工作中，不仅可以帮助决策者深度了解乡村的真实情况，如实发现潜在问题，从更为细微的视角解决政府行政治理的诸多不足，并使得多方利益得到平衡保障，而且有助于充分调动公众参与生态治理的积极性，改掉或去除先前的非生态化生产生活习惯，并激发其接受科技生态治理技术知识的动力，从而制定出科学合理的乡村生态环境治理政策。因此，公众参与是乡村生态环境治理政策贯彻执行不可或缺的动力源泉。

（二）拓宽乡村生态环境保护与治理的融资渠道

治理乡村生态环境需要大量的资金，国家对乡村生态环境治理投入偏低，农民投入意愿和承受能力有限，环保资金缺乏是制约乡村生态环境治理的瓶颈。新乡村的生态治理是一项非营利性的公益事业，需要政府加大乡村生态环境保护投入力度，积极扶持乡村环保基础设施建设。要对乡村环境治理进行科学战略定位，将乡村生态环境治理作为国家环境保护的重点，加大投入。然而，单单依靠政府财政投入还远远不能满足乡村生态环境的治理和保护工作的需求。需要建立适应市场经济体制的乡村生态环保多渠道投入机制，吸纳各种社会资金、社会力量和资源用于乡村环保，积极引导农民投工投劳，确保乡村环境治理工程建得起、用得起。同时，在第三方治理模式下，可以利用社会资本，让更多的社会资金可以流入乡村生态治理中，促进乡村环保投资主体的多元化，有利于乡村环境保护的可持续性发展，而且便于先进治理技术的引入，有助于实现最佳的治理效果。

（三）依靠法治保障乡村生态环境治理效果

乡村生态环境治理的生态发展目标就是要建设"天蓝、地绿、水净"的良好生态环境。乡村生态环境的建设不仅仅是单个封闭区域范围内的环境治理问题，而是一项需要综合环境治理的集法律制度建设、政策引导、主体参与等于一体的社会公共事务。乡村生态环境的保护和治理必须建立在健全的法制基础上，构建乡村环境治理的综合法律体系，逐步做到完善环境立法、加强环境执法、严格环境法律监督"三位一体"，必须重点做好乡村环境保护根本性法律的制定，在明确基本原则和根本要求的基础上，结合乡村环境污染的重点问题，制定较为完备的、可执行的乡村环境管理的法律法规体系，要按照生态利益优先、共同发展、负担与受益相一致的原则，规范乡村生态环境治理机构以及农民和乡村工业企业主要的责任与义务，针对性地解决乡村养殖业污染、乡村饮用水水源保护、乡村生活和农业污染等问题，为构建天蓝、地绿、水净的生态环境提供科学规范的法律制度环境。加强乡村生态环境污染治理执法，遏制污染向乡村地区转移，加强对城市工业生产垃圾的处理和执法监督。完善司法程序，最大限度地保障城乡环境公平，扩大利益诉讼主体的范围，避免地方保护主义，公正执法、严格执法，为乡村生态环境治理提供法治保障。

（四）提高环境保护意识和能力

乡村环境同样属于公共资源，乡村生态环境的治理和保护工作是一项利国利民、功在千秋万代的公益事业。为此，必须清醒地认识到保护生态环境、治理环境污染的紧迫性、艰巨性和复杂性，从国家战略高度认识乡村环境治理的重大意义。针对我国目前乡村生态环境出现的问题，政府部门要强化政府职能，完善各种政策法规，加强乡村生态环境基础设施建设，建立环境治理的长效机制，加大投入力度及宣传力度，研发乡村生态环境保护及治理的相关技术与产品，研发与推广基于环境友好的生态农业与绿色农业，改变农业生产方式，从根本上提高环境保护能力和意识。从某种程度上说，乡村生态环境的保护和治理取决于农民环境意识的高低。乡村生态环境的治理需要城乡居民的支持与配合，要通过提升居民的环保意识，改变这种知行不一的现象。同时培育乡村绿色消费观念，营造公平公正开放的市场环境、大力支持绿色环保产业发展，以供给侧结构性改革推动乡村生态环境治理，为乡村生态环境治理提供有力支撑，最终实现农业可持续发展。利用互联网、微博、微信、广播、电视等多种媒体形式开展宣传教育，提高农民的生态认知和生态意识，提高农民对参与乡村生态环境治理的认同感，使农民能够自觉贯彻落实国家的生态文明建设、美丽乡村建设政策，主动参与乡村生态环境治理，自觉采取健康文明的生产、生活、消费方式，推广生态农业，发展生态旅游，维护乡村生态环境，推进美丽乡村建设。充分发挥非正式制度的作用。治理和改善乡村生态环境，不仅可以通过国家的强制力诸如法律规范对村民的行为加以规范引导，更要针对乡村特殊的社会环境，利用一些非正式的制度，如乡规民约、风俗等乡村本土资源实现对生态环境的保护和治理。这不仅符合乡村的社会结构特点，更是完善乡村生态环境治理体系的重要举措。尤其是作为乡村社会主体的农民，更要发挥在生态环境治理过程中的核心主导作用。因此，为实现对乡村生态环境的有效治理，将地缘与血缘等因素结合，在立足于本土法治资源基础上，突出村规民约对环境保护的作用。

二、乡村安全环境治理

当前，随着我国城乡利益格局的深刻调整，乡村社会结构的深刻变动，乡村利益主体与社会阶层日趋多元化，各类诉求明显增多，乡村社会矛盾突出，群体性事件增加；一些地方干群关系紧张，侵害农民合法权益的事件仍时有发生，一些地方违法犯罪活动、黑恶势力活动、邪教和利用宗教进行非法活动仍较多存在，黄赌毒、偷盗、抢劫等治安问题，严重干扰了农民群众的生产和生活，禁毒和防治艾滋病任务艰巨，乡村社会治安综合治理压力增大；乡村少数基层领导干部，包括村干部，法治观念淡薄，人治思想相对浓厚，对依法治理乡村社会环境重视不够，依法解决乡村基层中发生的各种事务纠纷的能力和水平不高；基层治安管理队伍整体素质不高，对乡村违法犯罪行为缺乏打击力度，乡村社会治安综合治理状况欠佳；广大乡村地区的法治建设和人民群众的法律意识都不容乐观，乡村社会治安治已经严重影响乡村社会发展、农民安居乐业。在城镇化的新背景下，乡村社会治安治理面临着基层组织控制不力、治安投入不足、法制体系不完善、利益表达机制不健全等困境。所以，加强和深化乡村法治建设，加强乡村社会治安的综合治理势在必行。

目前，乡村存在因乡村土地争议、干群关系激化、乡村基层组织不健全、乡村环境恶化、乡村公共服务事业滞后、乡村社会治安治理不到位、农民社会保障不完善引起的诸多矛盾。在乡村社会矛盾的化解与整治中，党中央强调树立系统治理、依法治理、综合治理、源头治理的治理理念；倡导从完善政策、健全体系、落实责任、创新机制等方面入手，及时反映和协调农民各方面利益诉求，处理好政府与群众利益关系，从源头上预防减少社会矛盾，做好矛盾纠纷源头化解和突发事件应急处置工作，要求做到"发现在早、防范在先、处置在小、防止碰头叠加、蔓延升级"；在维护乡村社会稳定方面，习近平总书记鼓励推进平安乡镇、平安村庄建设，开展突出治安问题专项整治，引导广大农民自觉守法用法，同时特别强调依法治理，严厉打击扰乱乡村生产生活秩序、危害农民生命财产安全的涉农犯罪，坚决打掉乡村涉黑涉恶团伙，坚决打击暴力恐怖犯罪，有效应对外部势力的干扰渗透。

为确保乡村社会稳定，推进乡村社会安全环境治理，保障乡村社会公共安全，还应做好以下4个方面的工作。

(一) 加强乡村社会化环境治理力度

乡村社会环境复杂，义务教育阶段的学生自制力较弱、容易模仿他人，容易受到社会不良风气的诱惑，他们的能力素质极易受到周围不良环境的影响，诸如"上学无用论""打工潮"等思想时刻侵蚀着他们。因此，为了预防和减少留守青少年越轨行为，加强乡村社会环境的治理力度，形成关爱留守儿童良好的社会氛围，共同努力为乡村留守青少年健康成长营造一个文明向上的社会化环境。

（二）深化乡村社会平安建设

推行乡村平安建设工程，要切实加强乡村社会的治安综合治理工作，提高乡村治安综合防控能力，全力维护保持乡村的社会稳定，使乡村稳定、健康、和谐、长久文明地发展下去，使农民群众安居乐业，加快乡村小康社会的进程。加大对乡村地区的违法犯罪的打击力度，引导和鼓励乡村居民实施群防群治，同违法犯罪行为做斗争。例如，依法打击乡村黑恶势力，重点打击赌博、烧香磕头、相面算卦等封建迷信活动和各种盗窃、拐卖人口、嫖娼、卖淫犯罪活动，加强乡村交通安全管理，从而彻底净化乡村社会环境，促进社会风气的好转。

推行乡村平安建设工程，要大力实施农村警务战略。要综合开展法制教育宣传，加强乡村警务室公共产品建设，组织警员参与社会治理，实行村民联户联防机制，积极打击和遏制乡村刑事犯罪高发态势，弘扬地方传统文化手段治理乡村社会治安，给当地群众提供更好的公共环境。

推行乡村平安建设工程，要加强乡村抗灾救灾、警务消防、疫病防控等设施建设，严格执行乡村学校、医院等公共设施建筑质量标准，增强乡村突发公共事件和自然灾害的应对处置能力。要完善乡村社会保障机制和社会服务体系，使农民生活有最低保障，净化社会空气，消除农民后顾之忧，弱化对家族、宗教势力的依附心理，创造农民安居乐业的社会环境。

（三）强化乡风文明建设

乡风文明建设就是要不断加强新乡村精神文明建设，抓好乡村文化建设，形成良好的文化风俗和乡村风貌。加强乡村精神文明建设，深入开展群众性精神文明创建活动，全面提高农民思想道德素质和科学文化素质，引导农民移风易俗，破除陋习，消除乡村丑恶现象，提倡树立文明向上的道德观，坚定不移地走马克思主义道路，坚持无神论的同时处理好乡村宗教的关系，以优良家风、家庭美德评判家庭文明程度，以不说脏话和不随地吐痰评判个人文明程度，从个体到集体全方位、多角度和多层面塑造文明风尚，重建乡村文明；加强乡村法制宣传教育，落实党的民族和宗教政策，提高农民的法律意识，形成依法行事的观念，树立健康文明、遵纪守法的社会新风尚；加强思想政治教育，大力发展生产力，调动农民群众共建文明乡村的自觉性，从而实现社会的稳定团结。坚持乡村民主建设，规范治理行为；大力发展乡村的教育文化事业，从根源上治理乡村社会环境。

（四）建立乡村社会安全治理协同机制

党的二十大报告指出，健全共建共治共享的社会治理制度，提升社会治理效能。在社会基层坚持和发展新时代"枫桥经验"，完善正确处理新形势下人民内部矛盾机制，加强和改进人民信访工作，畅通和规范群众诉求表达、利益协调、权益保障通道，完善网格化管理、精细化服务、信息化支撑的基层治理平台，健全城乡社区治理体系，及时把矛盾纠纷化解在基层、化解在萌芽状态。加快推进市域社会治理现代化，提高市域社会治理能力。强化社会治安整体防控，推进扫黑除恶常态化，依法严惩群众反映强烈的各类违法犯罪活动。发展壮大群防群治力量，营造见义勇为社会氛围，建设人人有责、人人尽责、人人享有的社会治理共同体。这为我们当前建立乡村社会安全治理协同机制提供了政策指导。当前，完善立体化社会治安防控体系，引进市场机制，采取政府、社会和个人多中心供给、生产治安服务的多元化乡村治安治理模式，成为迫切需要。强化乡村社会安全治理，拓展安全治理者的权限范围，转变政府的管理治安方式，加入社会和其他因素积极参与共同维护大家的安全。乡村基层党政组织要以基层社会治安综合治理机构为依托，以相关法律制度作保障，共同实现构建乡村和谐治安秩序的目标。乡镇政府开展乡村社会治安综合治理，就是通过有效地化解乡村地区社会矛盾和冲突来维护乡村地区社会秩序，保证基层政权稳定。主要治理内容包括：及时妥善处理突发的群体性事件，协调各种矛盾和冲突；扎实开展乡村法制宣传教育活动，努力做到法制宣传教育经常化、制度化；积极健全村屯治安防范网络，健全矛盾纠纷排查调处机制，不断拓宽农民群众利益诉求渠道，切实把矛盾化解在基层，确保农民合法权益得到保障。公安机关是社会治安管理的专门机关和直接主体。镇派出所是乡村社会治安治理的主要职能部门，是维护乡村治安秩序的主力军，在治理乡村治安问题中具有举足轻重的作用，进一步加大对乡村基层公安机关在人力（包括素质和技能培训）、装备、待遇等方面的财政投入和其他间接投入，是十分重要的措施。村党支部完善《村规民约》《村民自治》等有较强操作性的规章制度，积极推行乡村社会环境治理"一事一议"，着力在建立长效管理机制上下功夫。乡村社会治安和治理离不开农民群众的有效参与，充分发挥乡镇义务调解员和村级和谐促进社会的作用，动员广大农民参与到乡村社会治安综合治理的活动中，使乡村社会治安治理进入法治化轨道。

三、乡村人居人文环境治理

改革开放以来，国家治理模式深度转型，随着工业化、城市化的快速推进，乡村社会发展变迁中出现了村庄"空心化"、乡土文化"断裂化"现象，乡土文化遭受侵蚀、乡村精英流失严重等变迁与治理困境。为确保乡村宜居与乡村文明延续，推进乡村人居人文环境治理就显得尤为重要。

（一）因地制宜开展人居环境的综合治理工作

党和政府高度重视开展村庄人居环境整治工作。

2014年，中共中央、国务院印发的《关于全面深化农村改革加快推进农业现代化的若干意见》指出，要加快编制村庄规划，推行以奖惩政策，以治理垃圾、污水为重点，改善村庄人居环境。实施村内道路硬化工程，加强村内道路、供排水等公用设施的运行管护，有条件的地方建立住户付费、村集体补贴、财政补助相结合的管护经费保障制度。制定传统村落保护发展规划，抓紧把有历史文化等价值的传统村落和民居列入保护名录，切实加大投入和保护力度。提高乡村饮水安全工程建设标准，加强水源地水质监测与保护，有条件的地方推进城镇供水管网向乡村延伸。以西部和集中连片特困地区为重点加快乡村公路建设，加强乡村公路养护和安全管理，推进城乡道路客运一体化。因地制宜发展户用沼气和规模化沼气。在地震高风险区实施乡村民居地震安全工程。加快乡村互联网基础设施建设，推进信息进村入户。

2015年，中共中央、国务院印发的《关于加大改革创新力度加快农业现代化建设的若干意见》中又对全面推进乡村人居环境整治提出了新的要求和举措。完善县域村镇体系规划和村庄规划，强化规划的科学性和约束力。改善农民居住条件，搞好农村公共服务设施配套，推进山水林田路综合治理。继续支持农村环境集中连片整治，加快推进农村河塘综合整治，开展农村垃圾专项整治，加大农村污水处理和改厕力度，加快改善村庄卫生状况。加强农村周边工业"三废"排放和城市生活垃圾堆放监管治理。完善村级公益事业一事一议财政奖补机制，扩大农村公共服务运行维护机制试点范围，重点支持村内公益事业建设与管护。完善传统村落名录和开展传统民居调查，落实传统村落和民居保护规划。鼓励各地从实际出发开展美丽乡村创建示范。有序推进村庄整治，切实防止违背农民意愿大规模撤并村庄、大拆大建。

2016 年，中共中央、国务院在《关于落实发展新理念加快农业现代化实现全面小康目标的若干意见》中指出，要开展乡村人居环境整治行动和美丽宜居乡村建设。遵循乡村自身发展规律，体现农村特点，注重乡土味道，保留乡村风貌，努力建设农民幸福家园。科学编制县域乡村建设规划和村庄规划，提升民居设计水平，强化乡村建设规划许可管理。继续推进农村环境综合整治，完善以奖惩政策，扩大连片整治范围。实施农村生活垃圾治理 5 年专项行动。采取城镇管网延伸、集中处理和分散处理等多种方式，加快农村生活污水治理和改厕。全面启动村庄绿化工程，开展生态乡村建设，推广绿色建材，建设节能农房。开展农村宜居水环境建设，实施农村清洁河道行动，建设生态清洁型小流域。发挥好村级公益事业一事一议财政奖补资金作用，支持改善村内公共设施和人居环境。普遍建立村庄保洁制度。坚持城乡环境治理并重，逐步把农村环境整治支出纳入地方财政预算，中央财政给予差异化奖补，政策性金融机构提供长期低息贷款，探索政府购买服务、专业公司一体化建设运营机制。加大传统村落、民居和历史文化名村名镇保护力度。开展生态文明示范村镇建设。鼓励各地因地制宜探索各具特色的美丽宜居乡村建设模式。

2017 年，中共中央、国务院发布《关于推进农业供给侧结构性改革加快培育农业农村发展新功能的若干意见》，指出要深入开展农村人居环境治理和美丽宜居乡村建设。推进农村生活垃圾治理专项行动，促进垃圾分类和资源化利用，选择适宜模式开展农村生活污水治理，加大力度支持农村环境集中连片综合治理和改厕。开展城乡垃圾乱排乱放集中排查整治行动。实施农村新能源行动，推进光伏发电，逐步扩大乡村电力、燃气和清洁型煤供给。加快修订村庄和集镇规划建设管理条例，大力推进县域乡村建设规划编制工作。推动建筑设计下乡，开展田园建筑示范。深入开展建好、管好、护好、运营好农村公路工作，深化农村公路管养体制改革，积极推进城乡交通运输一体化。实施农村饮水安全巩固提升工程和新一轮农村电网改造升级工程。完善农村危房改造政策，提高补助标准，集中支持建档立卡贫困户、低保户、分散供养特困人员和贫困残疾人家庭等重点对象。开展农村地区枯井、河塘、饮用水、自建房、客运和校车等方面安全隐患排查治理工作。推进光纤到村建设，加快实现4G网络农村全覆盖。推进建制村直接通邮。开展农村人居环境和美丽宜居乡村示范创建。加强农村公共文化服务体系建设，统筹实施重点文化惠民项目，完善基层综合性文化服务设施，在农村地区深入开展送地方戏活动。支持重要农业文化遗产保护。

2018年，中共中央、国务院发布《关于实施乡村振兴战略的意见》，提出持续改善农村人居环境。实施农村人居环境整治三年行动计划，以农村垃圾、污水治理和村容村貌提升为主攻方向，整合各种资源，强化各种举措，稳步有序推进农村人居环境突出问题治理。坚持不懈推进农村"厕所革命"，大力开展农村户用卫生厕所建设和改造，同步实施粪污治理，加快实现农村无害化卫生厕所全覆盖，努力补齐影响农民群众生活品质的短板。总结推广适用不同地区的农村污水治理模式，加强技术支撑和指导。深入推进农村环境综合整治。推进北方地区农村散煤替代，有条件的地方有序推进煤改气、煤改电和新能源利用。逐步建立农村低收入群体安全住房保障机制。强化新建农房规划管控，加强"空心村"服务管理和改造。保护保留乡村风貌，开展田园建筑示范，培养乡村传统建筑名匠。实施乡村绿化行动，全面保护古树名木。持续推进宜居宜业的美丽乡村建设。

2019年，中共中央、国务院发布《关于坚持农业农村优先发展做好"三农"工作的若干意见》，提出抓好农村人居环境整治三年行动。深入学习推广浙江"千村示范、万村整治"工程经验，全面推开以农村垃圾污水治理、厕所革命和村容村貌提升为重点的农村人居环境整治，确保到2020年实现农村人居环境阶段性明显改善，村庄环境基本干净整洁有序，村民环境与健康意识普遍增强。鼓励各地立足实际、因地制宜，合理选择简便易行、长期管用的整治模式，集中攻克技术难题。建立地方为主、中央补助的政府投入机制。中央财政对农村厕所革命整村推进等给予补助，对农村人居环境整治先进县给予奖励。中央预算内投资安排专门资金支持农村人居环境整治。允许县级按规定统筹整合相关资金，集中用于农村人居环境整治。鼓励社会力量积极参与，将农村人居环境整治与发展乡村休闲旅游等有机结合。广泛开展村庄清洁行动。开展美丽宜居村庄和最美庭院创建活动。农村人居环境整治工作要同农村经济发展水平相适应、同当地文化和风土人情相协调，注重实效，防止做表面文章。

2020年，中共中央、国务院发布《关于抓好"三农"领域重点工作确保如期实现全面小康的意见》，提出要扎实搞好农村人居环境整治。分类推进农村厕所革命，东部地区、中西部城市近郊区等有基础有条件的地区要基本完成农村户用厕所无害化改造，其他地区实事求是确定目标任务。各地要选择适宜的技术和改厕模式，先搞试点，证明切实可行后再推开。全面推进农村生活垃圾治理，开展就地分类、源头减量试点。梯次推进农村生活污水治理，优先解决乡镇所在地和中心村生活污水问题。开展农村黑臭水体整治。支持农民群众开展村庄清洁和绿化行动，推进"美丽家园"建设。鼓励有条件的地方对农村人居环境公共设施维修养护进行补助。

2021 年，中共中央、国务院发布《关于全面推进乡村振兴加快农业农村现代化的意见》，提出实施农村人居环境整治提升五年行动。分类有序推进农村厕所革命，加快研发干旱、寒冷地区卫生厕所适用技术和产品，加强中西部地区农村户用厕所改造。统筹农村改厕和污水、黑臭水体治理，因地制宜建设污水处理设施。健全农村生活垃圾收运处置体系，推进源头分类减量、资源化处理利用，建设一批有机废弃物综合处置利用设施。健全农村人居环境设施管护机制。有条件的地区推广城乡环卫一体化第三方治理。深入推进村庄清洁和绿化行动。开展美丽宜居村庄和美丽庭院示范创建活动。

2022 年，中共中央、国务院发布《关于做好 2022 年全面推进乡村振兴重点工作的意见》，提出接续实施农村人居环境整治提升五年行动。从农民实际需求出发推进农村改厕，具备条件的地方可推广水冲卫生厕所，统筹做好供水保障和污水处理；不具备条件的可建设卫生旱厕。巩固户厕问题摸排整改成果。分区分类推进农村生活污水治理，优先治理人口集中村庄，不适宜集中处理的推进小型化生态化治理和污水资源化利用。加快推进农村黑臭水体治理。推进生活垃圾源头分类减量，加强村庄有机废弃物综合处置利用设施建设，推进就地利用处理。深入实施村庄清洁行动和绿化美化行动。这都是近几年党中央发布的中央一号文件，根据时代发展要求，每年都对同一问题进行了更加微观的设计，充分体现了党和政府对这个问题的高度关切。

(二) 推进乡村人文环境治理必须理解和重视乡土文化

社会的进步依赖于文化的传承。乡村文化建设和社区治理的基础在于对乡土文化的理解。乡土文化具有显著的乡土性和深厚的群众基础，根植于农业、农民、乡村，广大农民群众智慧的沉淀与结晶，在社会治理过程中始终发挥着巨大的功能，对于乡村经济发展、传统文化的传承与传播、社会矛盾的整合、社会建设的促进、社会价值的完善都具有重要的价值。在我国的传统乡村社会，乡土文化可以为乡村社会治理提供村规民约、道德规范和行为准则等，从而实现家庭和睦、邻里和谐。从历史角度看，乡土文化的构建兴衰与乡村治理成效及社会稳定息息相关。基层社会治理面向的是乡土、是基层群众，传统的丧葬、春节、祭祀等乡土文化对于村民特别是离乡在外的民众来说具有很强的凝聚力。民俗节庆活动是传统乡土文化的重要组成部分，具有沟通村民感情、培育集体意识、提高自我治理能力的功能。乡土文化作为农业文化系统、农民文化主体、乡村文化场域的整体范畴，对于乡村治理有着重大的积极意义。习近平总书记特别强调乡村文化的传承与安全，2013年12月在中央农村工作会议上的讲话指出，"农村是我国传统文明的发源地，乡土文化的根不能断，农村不能成为荒芜的农村、留守的农村、记忆中的故园"，同年7月，他在进行城乡一体化试点的湖北省鄂北市长港镇峒山村考察时，指出"不能大拆大建，特别是古村落要保护好"。因此，我们必须继承、挖掘和弘扬传统乡土文化，培育社区精神和发展能力，夯实乡村治理丰富的人文环境基础。

（三）必须实现乡土文化现代化转型

新常态下，文化转型，社会物质层面和精神层面都不再是纯粹的乡土。中国乡村文化治理是一个复杂的过程，在经济、全球化和政治的变化中，乡土文化融入了外来文化、新媒体文化、城市通俗文化。提升乡村社区治理文化现代化水平，可从村民、社区、国家三层面共同推进。在"撤村并居"式新乡村社区建设热潮中，很多乡土文化载体被毁，若新型城镇化以消灭乡土文化载体为代价，"乡土文化重构与现代化"就无从谈起。若村落是乡土社会乡村社区治理的硬件组织，村落文化即乡村社区治理的软件系统。乡土文化为新乡村社区治理文化现代化提供丰富养料。有学者指出，乡村主体结构的"空壳化"、价值伦理的"空心化"、乡土文化的"断裂化"、乡村治理的"灰色化"，意味着当前乡村社会的发展变迁是一种"异态"。改变这种"异态"，还需要补齐乡村治理"短板"、加大乡村治理资源"输血"、培育乡村"新乡贤"及其文化、促进乡土文明与现代工业文明对接，进而推进乡村治理现代化。现代乡贤的培育和发展实质是重塑乡土文化并推动乡村善治。我们要正确地对待乡土文化和现代文化的关系，乡村治理现代化绝不是离开了乡土文化的空中楼阁。基于此，各级政府和一些知识分子发起乡土重建运动，其基本理念就是立足于乡土根基，通过启蒙民智，在乡村推行农业生产、社会治理、文化教育的"现代化模式"，以挽救逐渐破败的乡村社会。乡土文化中也有与当今市场经济、民主政治、社会治理和社会主义先进文化不适应的地方，在对传统乡土文化进行传承与保护的同时，也要顺应时代发展的要求，进行更高层次上的发展与创新，赋予乡土文化新的时代内涵和现代表达形式，增强其生命力和适应力。从社会治理的角度，乡土文化既是一种乡村文化形态，也是加强乡村社会治理、丰富农民群众精神世界、陶冶农民群众情操的载体和途径。在深入推进"新型城镇化"战略下，我们既要改变传统乡土文化的习性，又要应对当下的都市消费文化语境，重构"新乡土文化"的基本形态和价值体系，消除文化生态的异质性，真正从二元对立过渡到城乡一体，最终实现新型城镇人的文化蜕变与现代化转化。

第八章 乡村基层党组织建设治理

第一节 建设好农村基层党组织，加快完善乡村治理体制

一、乡村治理是国家治理体系的重要组成部分

习近平总书记强调，"要重视农村基层党组织建设，加快完善乡村治理机制"。农村基层党组织应成为宣传党的主张、贯彻党的决定、领导基层治理、团结动员群众、推动改革发展的战斗堡垒。农村基层党组织完善与否，直接关系乡村振兴战略的实施效果。

二、抓好农村基层党组织建设，是建立健全现代乡村社会治理体制的前提

党的农村基层组织是党在农村全部工作和战斗力的基础，全面领导乡镇、村的各种组织和各项工作，必须发挥好基层党组织战斗堡垒作用。这就要求各级党委把加强和创新乡村治理放在更加突出的位置，一方面，增强建设基层党组织的自觉，补齐基层治理工作的短板；另一方面，完善社会力量参与乡村治理的机制，统筹好各种乡村治理资源和力量，形成乡村治理合力。只有这样，才能把农村基层党组织的政治优势和组织优势进一步转化

为管理、服务优势，完善现代乡村治理体制。

三、抓好农村基层党组织建设，是健全自治、法治、德治相结合的乡村治理体系的必然要求

"村看村，户看户，农民看干部"，办好农村的事，要靠好的带头人。党员干部在乡村治理中扮演着政策宣传员、实施者的角色，承担着了解民情、转达民意、解决民忧的职责，关系党的各项政策在基层落地生根。抓好农村基层党组织建设，选好配强党组织带头人，既有利于贯彻落实好党中央决策部署，也有利于充分发挥党员先锋模范作用，带动村民重视思想道德，学法懂法用法，培育文明乡风，让农村社会既充满活力又和谐有序。

四、发挥基层党组织作用，完善乡村治理机制

（一）激发自治热情，引领构建新型乡村自治模式

自治是乡村治理的核心。充分发挥农村基层党组织的战斗堡垒作用，以发动群众为重点，以党员结对、实施便民工程、农机社会化服务等为抓手，加强基层自治体系建设，引领创新自治模式，扩大基层群众自治制度成效。发挥村落内能人、提前富裕起来的人、贤人的作用，建立乡村自治委员会，形成固定的"一月一议事"制度、积分管理、红黑榜、重大事项报告制度等，推进乡村共治模式良性运行。建立村级民主监督体系，发挥各行为主体的监督职责，并对群众监督举报予以奖励，推动乡村自治有效实施。积极借鉴各地涌现的实践经验。如金昌市永昌县南坝乡何家湾村实行"协商议事会"，由村党支部书记兼任协商议事会主席，积极吸纳"两代表一委员"、德高望重的村民代表、公道正派的群众为协商议事会成员，建立村级基层协商民主体系，引导群众参与乡村治理。又如，一些地方实行的近邻互助乡村治理模式，"邻里守望堂""近邻帮帮团"等，提高了村民自治水平和村民组织的凝聚力。

（二）树立法治意识，强化法治在乡村治理中的保障作用

法治是乡村治理的保障。完善乡村治理体系，应发挥党在法治乡村建设中总揽全局、协调各方的作用，在法治轨道上推进乡村治理更好、更快发展。借鉴北京市延庆区珍珠泉乡珍珠泉村的"法律门诊"服务、河北阜城建设法治乡村、江苏常州武进区洛阳镇马鞍村"老沈工作室"、浙江宁波"村民说事""小微权力清单""阳光村务八步法"等实践经验，积极构建法治乡村建设，引领乡村落实"一村一法律顾问"制度和"诉源治理法官联系点"，以法律服务惠民生促和谐。多种形式开展法治宣传，针对违法案例和热点案例，举办相关讲座，解答群众疑虑，并运用微信、抖音等新媒体平台大力宣传法律知识，让法治在基层落地生根。

（三）推进以德治村，用德治滋养乡村治理体系

德治是乡村治理的灵魂。乡村治理体系的创新完善，需要发挥基层党组织领导作用，加强道德文化建设。如湖北秭归县以"立壮志，改陋习，树新风"为抓手，践行"礼、信、孝、善、勤、简"的文明新风，用德治构筑起村民的精神乐园。要坚持"基层党建+村规民约"，引导村党支部进一步完善、落实村规民约，传承传统优秀内容，如孝敬老人、互帮互助、诚实守信等，并积极培育现代村规民约，形成积极、向上、向善意识，涵养崇德向善的文明风尚，切实把党的组织优势转化为治理优势。基层党组织要积极参与村民社会性事务的引导和治理，针对乡村空巢、薄养厚葬、高额彩礼、互相攀比、不良竞争等落后思想和不良习俗的沉渣泛起等问题，开展文明村镇、文明家庭、"好子女""好儿媳""最美邻居""身边好人"等文明创建活动，开

展现代社会风尚宣传，提倡积极、健康的生活方式，弘扬道德新风。针对农村近几年盛行的修庙烧香、庙会山会、宗族活动，组织开展帮助同村落一些家庭解决急难险重问题的活动。

第二节 以基层党建引领新时代乡村治理

一、乡村治，天下安

实现乡村有效治理是乡村振兴的重要内容。自然村（组）要在党支部领导下，由选举产生的村民理事会和监事会共同管理，引导群众共建、共治、共享。要将党的政治优势和组织优势转化为乡村治理的强大动力，以"党建引领+村民自治"促进基层党建和村民自治同频共振，使村容村貌焕然一新，乡村治理初显成效，乡村振兴深入推进。

二、以党建引领"领"出自治新貌

乡村党组织是推进乡村治理最主要、最直接、最有效的力量，要树牢党的一切工作到支部的鲜明导向，以创建服务型党组织为核心，稳步推进农村基层党建创新提质各项工作，强力推动党支部领导下以自然村（组）为基本单元的村民自治向纵深发展。村党组织要加强对村民理事会、监事会的引领督促，充分激发村民自治组织和群众的主体作用。将思想素质过硬的乡贤能人、致富精英选为村党支部书记，确保村组有能人主事。推行"1+1+x"农村党员联系群众制度，每一名党员联系一户贫困户、若干普通农户，在公益劳动、扶贫帮困、纠纷调解等工作中，充分发挥党建引领作用。

三、以村民理事"理"出乡村活力

发挥村民理事会开展议事协商、发展公益事业、调解矛盾纠纷、维护村民权益、倡导文明新风的作用，要从群众需求最迫切、受益最直接的现实问题入手，以村级公益事业建设为着力点，通过"村民理事""村民治村""村事共商"，让村民成为主人翁，最大限度把群众组织起来、发动起来，村里的事大家关心、大家决策、大家参与、大家管理，让乡村充满活力。

四、以村民监事"监"出乡村正气

随着经济社会的发展，基层拥有的可支配资源、可支配权力日益增多，村级组织"小微权力"使用不当情况时有发生，加之缺乏有效监管，容易导致决策失误，滋生"微腐败"。因此，要充分发挥村民监事会的作用，加强对农村"小微权力"的监督，打通廉政建设"最后一公里"就显得尤为重要。要全面健全建强村民监事会，引导监事会成员当好监督员、调解员、参谋员。对村务公开、财务收支、重大事项决策等村务全程监督，及时发现问题，及时纠偏，牢牢把控"微腐败"的源头。

五、以村规民约"约"出文明乡风

村规民约不仅要写在纸上，挂在墙上，更要内化于心，外化于行，化风成俗融入乡村生活。为保障村规民约顺利执行，要推广"红黑榜"，将尊老爱幼、讲究卫生、勤劳致富、关心集体、诚信守法、好人好事等遵守村规民约的先进典型纳入红榜，作为村民学习的典范；对环境卫生差、违法违纪等违反村规民约的负面典型纳入黑榜，予以"无声的批评"。通过"红黑榜"的舆论压力，促使村民按村规民约行事，让村庄环境美起来、乡风民风好起来。

第三节　以基层党建引领农村乡村治理能力的提升

习近平总书记在基层代表座谈会上的重要讲话中强调，"'十四五'时期，要在加强基层基础工作、提高基层治理能力上下更大功夫。"基层治理是国家治理的重要组成部分，是服务群众的最前沿。推进国家治理体系和治理能力现代化，必须紧紧依靠基层，聚力建强基层。农村基层治理是国家治理的"最后一公里"，加强农村基层治理是推动我国治理体系和治理能力现代化的重要方面，也是实施乡村振兴战略的重要内容。党的基层组织是党全部工作和战斗力的基础。因此，农村基层治理必须坚持党建引领，着力推进基层治理体系和治理能力现代化，不断提升群众的获得感、幸福感、安全感。

一、以基层党建提升农村基层治理能力要加强政治引领

基层党组织要善用群众工作方法，密切联系群众，提升村居服务，时常倾听和搜集村民的意愿和诉求，帮助引导村民解决生活中遇到的困难，帮助村民实现其合理利益的最大化，将村民紧密团结起来，打造政治核心，规范政治秩序。同时要通过提升基层农村组织力，保证党的核心地位，从而持续拥护和支持党的领导。

二、以基层党建提升农村基层治理能力要加强思想引领

基层党组织要善用群众语言，因地制宜、因时而新，结合农村实际，将党的理论政策方针播种在农村、扎根在农村，使党的理论真正"飞入寻常百姓家"。同时党的基层组织参与社会治

理，引领农村基层治理能力建设，要成为主流意识形态、民族精神、民族文化、社会主义核心价值观的传播者和践行者，凝聚价值共识，进而通过思想引领推动农村社会和谐、人民幸福，持续推动农村"善治"。

三、以基层党建提升农村基层治理能力要加强组织引领

要坚持问题导向与目标导向相统一，以健全完善基层治理责任体系、考核体系、奖惩体系为抓手，建立健全基层治理体制机制，不断提升基层治理能力，为全方位推动高质量发展提供坚强组织保证。要将考核导向与干事指向统一起来，紧盯"好差"两头，充分发挥考核"指挥棒""风向标"作用。要把抓党建促乡村治理能力提升作为党委书记抓基层党建工作述职评议的重要内容，切实加强组织领导，层层压紧压实责任，推动工作任务落实。要加强基层治理队伍建设，优化工作机制，提升服务质效，充分发挥组织群众、凝聚民心的作用，让群众真切感受到基层治理能力提升带来的实际成效。

四、加强基层党的建设，为全面推进乡村振兴提供坚强保证

不断加强基层党的建设，为全面推进乡村振兴提供坚强保证，我们就一定能推动农业高质高效、乡村宜居宜业、农民富裕富足，加快农业农村现代化，为全面建成社会主义现代化强国、实现中华民族伟大复兴中国梦不断做出新的更大贡献。

第九章　健全现代乡村治理体系

第一节　乡村社会治理体制的主体分析

从乡村治理主体结构的角度来看，基层党组织、乡镇政府、乡村社会组织、农民个体等都是乡村社会治理的重要主体力量，同时，治理主体分析还是要落实到相关的行动主体上，如基层政府官员、社区干部群体、乡村精英、一般村民，还有一些进入乡村社会的市场主体以及社会组织主体等。准确把握乡村社会多元治理主体的功能定位和角色运行，是理解当前我国乡村社会治理体制运行现状的基础。

一、基层党组织

基层党组织是党与社会实现有机联系的重要载体，是党在基层社会的"战斗堡垒"。按照党章规定，党的基层组织是指在"企业、农村、机关、学校、科研院所、街道社区、社会组织、人民解放军连队和其他基层单位"所设立的党的基层委员会、总支部委员会、支部委员会。其中，"街道、乡、镇党的基层委员会和村、社区党组织，领导本地区的工作和基层社会治理，支持和保证行政组织、经济组织和群众自治组织充分行使职权"。党的基层组织的基本任务包括"宣传和执行党的路线、方针、政策，宣传和执行党中央、上级组织和本组织的决议……组织党员认真学习马克思列宁主义、毛泽东思想、邓小平理论、'三个代表'重要思想、科学发展观、习近平新时代中国特色社会主义思想……对党员进行教育、管理、监督和服务……密切联系群众……充分发挥党员和群众的积极性创造性……对要求入党的积极分子进行教育和培养……监督党员干部和其他任何工作人员严格遵守国家法律法规……教育党员和群众自觉抵制不良倾向……"8个方面。《中国共产党农村基层组织工作条例》进一步指出,"乡镇党的委员会(以下简称乡镇党委)和村党组织(村指行政村)是党在农村的基层组织,是党在农村全部工作和战斗力的基础,全面领导乡镇、村的各类组织和各项工作。必须坚持党的农村基层组织领导地位不动摇"。

在功能定位上来看,农村基层党组织是乡村社会治理的全面领导力量。从历史上来看,基层党组织在乡村社会的普遍设置和现实运行使党实现了对乡村社会的有效整合。随着新时期乡村社会转型和流动性的加快,乡村社会治理对党的领导提出了更高的要求。乡镇党委要"在方向上保证地方经济社会的发展和稳定",提高回应变革乡村社会诉求的能力,健全密切联系群众的制度化渠道。村党组织"讨论和决定本村经济建设、政治建设、文化建设、社会建设、生态文明建设和党的建设以及乡村振兴中的重要问题""领导和推进村级民主选举、民主决策、民主管理、民主监督,推进农村基层协商,支持和保障村民依法开展自治活动",这就要求党组织不断提高自身的组织力和他组织力,更为有效的"领导本村的社会治理"。现代乡村社会治理体制建设以加强党的全面领导为前提,但问题在于党的全面领导权在新时期乡村治理语境中的实现还需要更为具体的体制机制支撑。只有进一步提升乡村基层党组织的组织力,并完善基层党组织连接社会的实现机制才能更好地坚持和加强党的全面领导;只有不断改善基层党组织的权力生成方式，进一步理顺政党、国家和乡村社会三者之间的运行关系，尤其是要进一步厘清村党组织和其他村级组织之间的权责关系，才能进一步夯实基层党组织在乡村社会治理中的全面领导地位，把农村基层党组织建设成为"宣传党的主张、贯彻党的决定、领导基层治理、团结动员群众、推动改革发展的坚强战斗堡垒"。

从历史经验和现实境遇来看，中国共产党领导地位的实现不是与生俱来的，而是在根据社会环境的变化不断进行组织策略调整，不断回应社会发展的需求过程中实现的。从各个时期基层党组织增强自身适应性和回应性的探索实践来看，党组织在不同的历史时期采取了不同的治理策略，进行了有效的组织建设，保持了先锋队的特性，才实现了政党与社会之间的有效互动，更好引领社会发展进程。正是在实践当中通过加强基层党组织建设，把党的领导权建立在坚实的社会基础之上，才能更好实现党长期执政的合法性与有效性的统一。乡村振兴的时代背景赋予了基层党组织新的历史使命和新的历史课题，基层党组织的战斗堡垒的凸显必须随着新的历史方位和时代需要而不断进行调适，适宜地进行结构重组、体系再造和组织力建设，才能更好应对乡村社会迅速变迁带来的治理挑战。

二、乡镇政府

乡镇政府是我国最基层的行政层级。根据《中华人民共和国宪法》的规定，"乡、民族乡、镇的人民政府执行本级人民代表大会的决议和上级国家行政机关的决定和命令，管理本行政区域内的行政工作。"关于乡镇政府职权的具体规定主要来自《中华人民共和国地方各级人民代表大会和地方各级人民政府组织法》。根据这一法律，我国乡镇人民政府具有如下职权。

一是执行本级人民代表大会的决议和上级国家行政机关的决定和命令，发布决定和命令。

二是执行本行政区域内的经济和社会发展计划、预算，管理本行政区域内的经济、教育、科学、文化、卫生、体育等事业和生态环境保护、财政、民政、社会保障、公安、司法行政、人口与计划生育等行政工作。

三是保护社会主义的全民所有的财产和劳动群众集体所有的财产，保护公民私人所有的合法财产，维护社会秩序，保障公民的人身权利、民主权利和其他权利。

四是保护各种经济组织的合法权益。

五是铸牢中华民族共同体意识、促进各民族广泛交往交流交融，保障少数民族的合法权利和利益，保障少数民族保持或者改革自己的风俗习惯的自由。

六是保障宪法和法律赋予妇女的男女平等、同工同酬和婚姻自由等各项权利。

七是办理上级人民政府交办的其他事项。

乡镇政府作为国家政权的基础和末梢，承担着落实国家政策、执行上级任务的职能，同时也面向基层社会，履行指导乡村治理和民意诉求回应的任务，在乡村社会治理中居于主导地位。乡镇政府的角色定位和职能发挥也应随着时代的发展而做出相应的改革和调适。"分税制"改革和农业税的废除，使乡镇政府出现了"悬浮型"特征，要求进一步转变乡镇政府职能，尤其是要增强乡镇政府的社会管理和公共服务职能，克服其"内卷化"运作和"自利"行为倾向，提升乡镇政府的治理绩效及其回应民意的能力。近年来国家大力倡导自上而下的基层政权建设以及自下而上的社会建设，正是要着力弥合新时期基层政权运作的实践张力，促进基层政府职能的转变以及基层治理体系的现代化。

但在调研中发现，乡镇政府的科层制运行逻辑与基层治理体系现代化的发展诉求相比仍有差距。完成上级的任务、"发展经济"和维护社会稳定仍然是乡镇政府主要的日常工作，由于政府组织内外信息沟通的制度化渠道不畅、乡镇政府组织机构权责不对等、一些乡镇干部的能力素质与基层治理任务相比还不适应等问题的存在，严重制约了乡镇政府职能的转变和有效履行。

三、村民委员会

在制度安排上，村委会是在村级党组织领导下相对独立的自治实体。根据《中华人民共和国宪法》规定，"城市和农村按居民居住地区设立的居民委员会或者村民委员会是基层群众性自治组织""居民委员会、村民委员会设人民调解、治安保卫、公共卫生等委员会，办理本居住地区的公共事务和公益事业，调解民间纠纷，协助维护社会治安，并且向人民政府反映群众的意见、要求和提出建议"。《中华人民共和国村民委员会组织法》第二条进一步规定，"村民委员会是村民自我管理、自我教育、自我服务的基层群众性自治组织，实行民主选举、民主决策、民主管理、民主监督。村民委员会办理本村的公共事务和公益事业，调解民间纠纷，协助维护社会治安，向人民政府反映村民的意见、要求和提出建议。村民委员会向村民会议、村民代表会议负责并报告工作"。由此可见，村委会作为自治主体有着明确的法律定位。

村委会是村级组织的重要构成部分，是乡村公共事务的管理者。村委会的日常事务主要分为两个层面：一是协助基层党委政府处理在社区（村）中的治理任务；二是组织社区（村）内部事务，包括处理村庄的纠纷、村庄的公共资源的管理和分配等。税费制改革前后乡村干部所承担的具体村治任务发生了重大改变，如在取消农业税之前，乡村工作的重心是完成收粮派款、计划生育、兴修水利等任务；随后的乡村治理改革，国家逐渐加大了对乡村社会的财政转移支付力度，尤其在资源下乡的新背景下，争取资源、分配资源和管理资源成为村干部的重点任务之一。这一系列的转变都极大地影响和改变着乡村干部的行动逻辑和乡村治理架构。

四、乡村社会组织

乡村社会组织是重要的村治主体之一。社会组织一般有广义和狭义之分。

"广义的社会组织，指人们为实现特定目标而建立的共同活动的群体，又称为次级社会群体""狭义的社会组织，指在行动基础上组成的、反映共同利益与共同价值取向的社团组织。"具体就乡村社会组织而言，所指内容也有广义和狭义之分。广义的乡村社会组织包括乡村经济组织、政治组织、自治性组织和社会性组织等；而狭义的乡村社会组织，指的是乡村社会性组织，包括乡村公益性组织、行业性组织、宗教性组织、娱乐性组织等，具有志愿性、民间性、互助性、服务性和非营利性等特征。本书主要是从狭义的角度使用这一概念的。乡村社会组织是乡村社会治理的重要协同力量，在农民利益表达、政府与农民之间的沟通、矛盾纠纷化解、协同提供公共服务等方面具有比较优势，其作用的有效发挥可以提升乡村社会的自组织能力，优化乡村社会治理结构。

五、村民

《中华人民共和国宪法》总纲明确规定，"中华人民共和国的一切权力属于人民。"《中华人民共和国村民委员会组织法》

第一条也明确指出，"为了保障农村村民实行自治，由村民依法办理自己的事情，发展农村基层民主，维护村民的合法权益"。村民是乡村社会治理的主体性和基础性力量，"民主选举、民主决策、民主管理、民主监督"是村民行使民主权利、参与乡村社会治理的主要形式。但在实际运行中，农民的主体作用发挥仍然会受到诸多因素的制约，行政权对村治过程的侵扰，乡村社会的快速变迁导致的村民主体的分散化等现象，使得作为村民主体地位作用发挥平台的村民自治制度在实践中面临着新的挑战和转型。如村委会的行政化倾向、村治选举中的失范现象、村民参与乏力、民主治理过程虚化、"村权"监督不足等问题制约了村民权利的行使和村民自治的良性运行。这些问题一定程度体现了当前农村基层民主发展的深层次困境。从体制机制上来看，造成这些问题的根源还是在于村治重选举而轻民主治理过程，制约了村民持续参与乡村治理权利的实现，民主治理过程和机制的不完善成了乡村社会治理发展的重要掣肘。近年来，随着村庄的现代性元素涌入，村民的民主意识开始增强，在利益密集型的村庄，更是反映出村民对这种民主实践的关切，这集中体现在两个方面：一是村务公开（治理过程），即村民对集体财产的分配、使用和管理的经济利益诉求；二是村庄选举，这体现了村民对政治利益的诉求。有学者指出这两者的关系本质上是"钱"和"权"。这两者究其实质都涉及村民的自治权如何有效实现的问题。

综上分析，乡村多元社会治理主体构成了乡村治理体制架构的基本主体元素。然而，多主体有着各自不同的发展目标和行动逻辑，这些主体之间的相互关联和复杂互动进一步制约着乡村治理体制实现的运行状况。

第二节 优化现代乡村社会治理体制的顶层设计

现代乡村社会治理体制虽然围绕基层治理而展开，但其却是国家治理现代化的重要构成部分，治理逻辑和发展走向受到国家治理转型和国家治理体系建构的深刻影响。因此，现代乡村社会治理体制建设应着眼于总体性、系统性考量，从优化乡村社会治理体制的顶层设计入手，着力解决现代乡村社会治理面临的结构性张力和困境，为现代乡村治理体制建设提供系统的制度支持。

一、建构党建引领的统合机制

乡村治理现代化的制度精神内嵌在党领导现代国家建设的过程之中。从历史上来看，中国共产党在"政党下乡"的过程中，深入乡村社会，建构起了乡村社会的政治整合体系，奠定了现代国家治理的社会基础。立足新时期，如何对日益开放性和多元化的乡村社会进行有效整合，保持乡村治理的统一性与灵活性的统一，使多元治理主体能够协同发力，亟须更好发挥党组织统合优势。具体表现如下。

（一）坚持制度创新的人民中心取向

现代乡村社会治理体制建设所秉承的价值理念在很大程度上决定了其发展方向和发展路径。中国共产党是先锋队组织，引领制度变迁的方向和进程，"以人民为中心"的发展思想是中国现代乡村社会治理体制建构所要坚持的根本价值理念。这就要求进一步明确乡村振兴的战略定位和现代乡村社会治理体制建设的价值方向，立足乡村社会良性发展的长远考量，着重于凸显农民主体性的系统性的制度设计。进一步增强制度体系的回应性、包容性和开放性，坚持多元主体共建共治共享，使复合主体协同共治的理念得到进一步确立和传播，以及实现在基层社会的有效实践。同时，明确治理创新以是否能有效回应民意，是否凸显农民主体价值，是否能增进民众福祉为根本评价标准，从而发挥执政党的价值引领功效，建构富有生命力的现代乡村社会治理体系。

（二）为协同治理提供权威和组织基础

乡村社会治理体制的建构包括多主体之间的关系，既有各部门各层级的政府主体，又包括社会主体，而治理的绩效则取决于多元主体的协同程度。然而协同的发生并不是必然的，需要相关的协同保障机制，以克服碎片化治理、分散化治理的难题。有学者研究指出，权威的碎片化难以形成协同治理合力，党组织具有的组织权威和组织优势，能对多元治理主体进行有效统合，从而有助于打通多重制度逻辑的运行隔阂，克服碎片化治理的难题。现代乡村社会治理体制的建构是一个系统工程，依赖于各部门各层级的有效协同配合。发挥党的统合优势，能够优化资源的配置，影响各主体的行动偏好，促成协同共治。

（三）发挥党的社会整合优势，提升社会组织力

1. 通过党组织网络整合乡村治理资源

面临日益分散化的乡村社会，需激活党组织社会整合和资源整合优势，实现对乡村社会的再聚合。以党建为引领优化乡村治理的实践运作，通过横向和纵向的组织网络整合乡村社会，使资源得以优化配置，人才得以汇聚。

2. 畅通民意表达渠道

搭建基层党组织和乡村多元治理主体之间互动融合的制度化渠道，发挥群众路线的优势，使"从群众中来，到群众中去"变为推进乡村社会再组织化的过程。

3. 进一步明晰党组织领导乡村治理的具体内涵和实现机制

在资源配置、主体协同、服务供给、意见表达等方面细化措

施途径，建立健全村（社区）党组织、村（居）委员会、社会组织及其他村级相关组织和单位等多方协商机制，以化解乡村治理面临的执行不足、共治难、资源匮乏等困境，从而为现代乡村社会治理体制的建设提供坚实的组织保障。

4. 构建农村基层党组织大党建格局

扩大基层党组织建设的组织覆盖和工作覆盖面，及时吸纳农村优秀人才、提升党员发展质量、提高党员竞争力、优化基层党员干部队伍结构，尤其是及时加强"两新组织"和农民合作社的党建工作。党委建在乡镇、党支部（总支）建在村、党小组建在村组、新型组织党建工作实现全覆盖的农村大党建模式，可以使乡村党组织形成"网络化"的组织体系，构建起以党组织为中心的治理体系，形成治理合力。

二、完善协同共治的运行架构

多主体的协同共治是治理现代化的应有之义。现代乡村社会治理体制的构建涉及多主体之间的关系调整和优化。从纵向来看乡村社会治理体制是国家治理在基层社会的基础环节，涉及自上而下的国家治理政策的有效传递和执行，这包括了政府内部各部门各层级之间的关系；从横向来看涉及乡村社会多元治理主体，其本质是政府与社会之间的关系。因此，协同治理的运行架构应从政府治理内部，以及政府与社会之间的协同关系优化来整体性推进。

三、建立政府组织之间的协同治理机制

现代乡村社会治理体制的建构在一定程度上而言是国家宏观发展治理体制在乡村社会的具体体现。国家宏观治理体制以及战略规划要转变为实践，需要各层级和各部门政府的有效协同执

行，若缺乏有效的协同治理的实现机制，就会出现多部门多层级的合作困境。因此，协同机制的建立就显得尤为紧要。

（一）建立利益共享机制，进一步形成改革共识

组织之间协同共治的动力来源于改革所释放的红利及其普惠程度，即是否能够给相关方带来实质性的"收益"。只有建立在共同利益基础上的改革才能增进共识，促使改革的推广和有效执行，"有效协同制度的产生关键是要通过体制机制创新协同条块部门的理念和利益，以此来构建更广泛的理念共同体和力量联盟"。由此，乡村社会治理体制改革需要结合各级政府和各部门的发展进程进行综合性的考量，注意改革的协同推进与利益共享。

（二）建构协同共治的联动机制

协作共治的关键是各相关方是否能够就公共事务治理形成联动，这需要相应的协同技术和激励机制支持。协同技术在于通过信息技术和管理技术建构协同治理网络，打破政府各部门的"信息孤岛"现象，整合信息资源，实现政策执行联动和整体性响应。激励机制在于找准各主体利益的结合点，实现多元治理主体的聚合，生成新的关系纽带，使各主体处于一种良性互动，且不能拆分的共生关系中。

四、建构政府治理与乡村社会自治的协同治理机制

政府与社会的协同关系是现代乡村社会治理需要处理的核心问题。

（一）通过法治的方式进一步明确各自的权责关系

有学者研究指出，"法制—遵守"模式的建立是克服乡镇权力体系的"自我扩张惯性"，实现乡村社会治理现代化的可行模式，即国家的依法治理和乡村社会的依法自治。具体而言，对于

农村行政类事务主要依靠法律手段完成，对于农村经济类事务主要依靠国家的宏观调节，而对于农村社区性事务更多依靠村民自治体系来完成。这种路径设想具有一定的针对性。基于此，要充分激活现有法律资源，例如，《中华人民共和国村民委员会组织法》《中华人民共和国行政许可法》等，这是处理基层政府与乡村社会自治关系的重要法律依据。

（二）进一步完善相关立法

首先，研究和总结我国乡村治理的地方实践，在相关法律的修订完善中，及时融入成熟经验。例如，进一步细化乡镇管理与群众自治组织关系的范围和方式，完善基层群众自治权利的法律救济渠道；在《中华人民共和国村民委员会组织法》中明确村级协商主体、协商范围和协商规范，把协商程序纳入基层自治制度运行体系，健全村级议事协商制度，提升民众有序参与基层权力运作的制度化水平等。其次，以共同利益为切入点，建构协作机制。进一步寻求政府治理与村民自治的利益契合点，从目前我国乡村社会治理实际来看，"乡村政治"体制运行的弊端在于行政权和自治权运行的内在张力，这就要求治理创新需找到两者结合点。具体来说，基层政府的工作重点是面向乡村社会的公共物品供给以及民众权利的实现，而乡村社会自治的重点是农民通过"自我管理、自我教育、自我服务"，实现乡村社会的公共事务的治理以及自身权益的实现。换言之，农民权益的实现和维护是这两者的结合点。这一方面需要政府的职能转型，增强面向乡村社会的公共服务供给能力，另一方面通过相应的体制机制设计，使民众实质性的参与乡村社会治理之中，实现与公共权力之间的良性互动，在协商、博弈中达成最大程度的共识。另外，政府治理与乡村社会自治有效衔接、互动的条件还包括政府—社会信任机制的构建、社会自身力量的培育和壮大、互动体制机制的建立健全等，最终形成政府治理与乡村社会自治相互协同的"善治"架构。

第三节 改革乡镇政府治理体制

基层政府是现代乡村社会治理体制的主导性力量，其改革创新的力度直接影响现代乡村社会治理体制建设的成效。现代乡村社会治理体制建设必然包含了政府治理创新，"其目标是权力法治化，涉及行政权的法治化、公共财政建设、基本公共服务等方面"，同时也包含着其实现有效社会治理方式的创新。如何进一步强化乡镇政府的公共服务和社会管理职能，优化行政权力运行机制，提升治理绩效，是乡镇体制改革的当务之急。

一、强化乡镇政府公共服务和社会管理职能

转变乡镇政府职能是深化乡镇机构改革的核心。2017 年，中共中央办公厅、国务院办公厅印发的《关于加强乡镇政府服务能力建设的意见》（以下简称《意见》）中强调指出，要"加强乡镇政府公共服务职能""加快乡镇政府职能转变步伐，着力强化公共服务职能"，并对乡镇政府提供的主要基本公共服务内容做了进一步细化规定。该《意见》同时指出，"扩大乡镇政府服务管理权限。按照权力下放、权责一致的原则，除法律法规规定必须由县级以上政府及其职能部门行使的行政强制和行政处罚措施，以及行政许可事项外，对直接面向人民群众、量大面广、由乡镇服务管理更方便有效的各类事项依法下放乡镇政府，重点扩大乡镇政府在农业发展、农村经营管理、安全生产、规划建设管理、环境保护、公共安全、防灾减灾、扶贫济困等方面的服务管理权限"。这无疑为当前乡镇政府在乡村社会治理中的职能转变

指明了方向。乡镇政府改革的落脚点在于增强其服务能力，回应人民日益增长的美好生活需要，变"管治"为"服务"、变"管理"为"治理"。只有进一步健全乡镇政府的服务机制，乡镇政府服务能力和治理能力才能得以真正提升。党中央曾提出的乡镇机构编制"只减不增"的原则，一定程度地控制了乡镇人员膨胀的问题，但在调研中发现，很多乡镇普遍反映人才缺乏、人员紧张的状况还很明显，这其实和乡镇政府职能转变不到位和多元治理主体作用发挥不足密切关联。推动行政执法和政务服务重心下沉，赋予乡镇（街道）对部门派出机构的日常管理权、区域内规划参与权、综合管理权和关系民生的重大决策建议权；优化社区服务站设置，由乡镇（街道）统一管理，并就品质社区、活力社区、美丽社区、人文社区、和谐社区建设等方面做出具体部署。这就进一步凸显了基层政府的公共服务职能，明确了基层治理的社区导向，较好促进了城乡社区发展治理的新格局。这种服务指向和共治取向的改革思路，可以为新时期强化乡镇体制改革提供实践启示。

　　从目前我国乡村社会治理的实际来看，基层政府在连接国家与社会方面发挥着重要作用，但要防止和克服其"科层制惯性"和"悬浮型"弊端，不断强化其服务乡村社会的能力。首先，从理论层面上来说，不断增强基层政府服务能力是马克思主义的"国家—社会"关系理论的内在要求。政府的主要职责是进行社会管理、提供公共服务，进一步强化乡镇政府服务能力，实现资源下沉和服务下沉，既是国家社会管理职能履行、赋能乡村社会的现实要求，也是促进乡村社会自治有效运行的重要保障。其次，从实践层面上来看，不断增强乡镇政府服务能力也是应对乡村社会巨变、化解乡村治理困境的必然要求。随着农村"空心化"的加剧和新型社区化进程的加快，乡村社会的自我维系和自我治理能力下降，对公共服务的需求进一步凸显，这就要求进一步提升基层政府的公共服务供给能力，以回应乡村社会变迁带来的治理新需求。从化解乡镇政府治理困境的角度来说，不断强化乡镇政府服务能力也是克服乡镇政府"悬浮型"弊端的可行举措。只有更好的服务乡村，乡镇政府的"合法性"认同才能得以提升，国家与乡村社会良性互动才能更好实现。

二、优化乡镇政府内设机构和权责设置

乡镇政府职能的转变需要内设机构的改革配套作为支撑。大部制改革为乡镇政府内设机构调整提供了很好的思路和政策环境。要"稳步推进大部门制改革""有条件的地方可探索……深化乡镇行政体制改革……严格控制机构编制，减少领导职数，降低行政成本"。因此，可以考虑按照"大科室制"的原则，整合和调整乡镇政府内设机构，实现乡镇政府"科层"的重组和优化。近年来，有不少基层实践对乡镇政府内设机构调整做出了有益探索。

三、完善基层政府的激励结构

基层政府履行社会管理和公共服务职能的动力与其面临的任务环境和激励结构有关。要有效转变基层政府职能需改善相应的激励机制，即相关配套制度的建立健全是乡镇体制改革的重要内容和根本保障。调研中发现，有两个方面的配套制度至关重要：乡镇财政体制改革和乡镇考核体系改革。长期以来，乡镇政府基于"财政困境"去抓经济、基于"一票否决制"去抓稳定无疑是乡镇政府职能转变的重要掣肘，这直接导致了乡镇政府"自我扩张惯性"和"不出事逻辑"的出现，阻碍了"法治型社会治理模式"的形成和政府相应职责的履行。因此，改善基层政府面

临的激励结构，完善乡镇财政管理体制和乡镇政府的激励机制是实现基层政府职能转变的关键环节。

第一，增强对基层政府的财政支持力度，提升其资源调配能力。一方面可以考虑根据区县当地的实际财政情况，给予每个乡镇配备一定数额标准的公共服务和社会管理专项资金，实行乡镇财政的差别化管理，使乡镇财政事权和支出责任相适应；另一方面，可以通过"行政吸纳服务"的办法，调动社会多种资源参与乡村社会公共服务供给，进一步优化乡镇政府社会管理和公共服务职能履行的经费保障机制。

第二，设置适度的行政激励机制。关于乡镇政府考核办法的改进，从内容上来说就是要变"一票否决制"的简单化评价标准为多元化的评价标准，细化社会管理和公共服务职能履行情况的考核体系，防止出现基层政府为规避风险而采取的"策略性应对"现象。从考核主体上来说，要进一步完善村（居）民和第三方机构对乡镇政府的考核评价机制，推动外部考核和内部考核更好结合，为乡镇政府职能转变提供必要的激励机制支撑。

第三，构建向下负责的评价体系，把评价和激励的社会领域倾向凸显出来。增加公众话语对基层政府履职情况的评价权重，改变单向的自上而下的评价体系。如一些地方探索创新镇级协商对话制度，加大了群众在乡镇治理体系中的话语权，畅通了群众诉求表达渠道，体现了群众路线常态化的要求，因其有利于拉近与群众的距离、促进政府职能转型、创新乡村治理模式而受到各方关注。如浙江温岭的镇级参与式预算实践、四川彭州的镇社会协商对话会制度创新，搭建"乡政"与"村治"的协商对话平台，扩大群众有序政治参与、优化民主决策程序，凸显了社会激励导向，实践中也有利于促进乡镇政府的职能转型。

需要强调的是，乡镇体制的改革是一项系统工程，从某种程度上来说，要跳出乡镇体制本身来思考和谋划乡镇体制改革问题，若缺乏国家层面的整体推动和顶层设计，乡镇体制改革就会遭遇体制对接的阻力进而很难实质性推进。因此，县、乡（镇）关系的调整和职能对接也是实现乡镇职能转变的重要条件。从这个意义上来说，扩权强县、强镇扩权等改革是一种较为可行的方向。

第十章　乡村振兴人才队伍建设

第一节　乡村振兴需要乡村人才

一、我国农村人才培育的疏忽

农村人才指在农村广泛的社会实践当中，具有一定科学文化、经营理论、管理技能和劳动实践知识，有能力通过自己的创造性劳动对农村经济发展和社会进步做出贡献或已经做出贡献的人，即有一定知识储备和管理才能的人才。

在乡村振兴战略深入实施的今天，缺少高素质的乡村建设人才使农村人才问题逐渐凸显出来。这一局面和我国长期忽视乡村人才培育和建设有密切的关系。

首先，国家长久以来的非均衡发展策略集中发展城市，促使乡村劳动力不断向城市转移，年轻的、有技术的、有见识的，甚至是有力气的农村劳动力全都被城市吸纳，关注城市的发展直接导致了农村发展人才的储备被忽略。

其次，由于农村经济发展程度相较于城市地区较低，农村地区的教育水平也长期滞后于城市地区，农村地区人口受教育程度远落后于城市地区。

最后，对比资本集中的城市地区，农村地区人口能接受的培训项目也十分有限。再加上我国农村地区范围广阔，且人口众多，由于农事繁杂，农村相关培训工作难以找到统一、合适的时间开展，导致相关培训工作实施难度较大。另外，由于缺少优秀的乡村职业教育及技能培训的师资的引导，即使学到了一定的理论知识，在实际的生产活动中无法运用，造成了"学了也白学"的认识偏差。

二、人才支撑是核心

根据马克思主义哲学关于内因外因的基本原理，内源动力是根本性、决定性动力的观点，乡村振兴的驱动要素中，参与主体（人）是居于核心地位的动力。

如果说科技是第一生产力，人才就是第一生产资源。一直以来，我国农村经济社会发展屡遭"瓶颈"，在很大程度上源于高层次、高素质人才的匮乏。乡村振兴是涉及经济、政治、文化、社会建设的系统工程，没有一支数量充足、结构合理、素质较高的农村人才队伍作为保障，乡村振兴就难以取得重大成就，所以，乡村振兴必须人才先行，扎实推进农村人才建设，培养出大批能够满足美丽乡村建设要求的各类人才，为乡村振兴建设提供强大的智力支撑和人力资本。

（一）农村人才流失现状

推进乡村振兴战略的背景是农村青壮年劳动力外流、农村"空心化"、农业推广人员短缺和大学生返乡意愿低等趋势。

1. 农村青壮年劳动力外流

尽管近年来部分地区出现了农民工返乡现象，更深层次地看，这种现象只是局部性表现出来，只是有部分年龄较大的农村劳动力选择返乡。青年劳动力的流失导致农村甚至连种田能手和青壮年劳动力都缺乏，更不要提管理人才、经营人才和专业技术类人才。

2. 农村"空心化"

农村"空心化"是指大量农村人才流向城市，对农村经济产生不利影响，而新生代职业农民短缺，制约着农业现代化进程并直接影响我国粮食安全。

3. 农业技术及推广类人员短缺

截至目前，基层农技推广人才"青黄不接"、队伍老化，农技人员学历、专业、水平参差不齐的状况仍没有根本改变。

4. 大学生赴乡意愿低

我国大学生赴乡就业的意愿并不高，即便是农村走出来的大学生毕业后也不愿意返乡就业，而更愿意留在城市谋求发展。究其原因有三：在市场经济的环境下，农业比较收益低，工作环境艰苦，"甘于清贫，乐于奉献"的观念已不足以支撑大学生留在农村，他们更倾向于选择工作轻松、活得体面的职业，此其一。相较城市完善的基础设施和公共服务，农村的土地、户籍、医保、社保等制度令大学生望而却步，此其二。区位、交通、气候、经济发展、政治待遇、经济待遇等没有优势和吸引力，此其三。

乡村本土人才大量流失已是不争的事实，在"留不下、引不来"的双重夹击下，要想实现乡村振兴，人力资本的建设已经刻不容缓。

（二）乡村振兴之人才支撑

实施乡村振兴战略，需要产业的支撑，而产业的发展离不开人才的支持。所谓："功以才成，业由才广。""实施乡村振兴战略，必须破解人才'瓶颈'制约"，"要把人力资本开发放在首要位置"，这些提法充分说明了人力资本是乡村振兴的关键要素之一，尤其是在当下推进农业供给侧结构性改革、加快现代农业建设的浪潮中，没有一支高素质的人才队伍，再美好的目标也难以实现。

一方面，习近平总书记强调"强化乡村振兴人才支撑"，这表明在推进乡村振兴的过程中，人才是创业创新的支柱，只有人才支柱稳固，才能筑起新时代农村建设的大厦。因此，推进乡村振兴必须建立稳固的人才队伍。另一方面，要激发人才的无限活力，使外部人才因发展机遇而走进乡村，使内部人才因心怀乡情而留在乡村。激励天下人才在广阔的农村沃土大显身手、尽展才华，使人才这一"第一资源"开启乡村振兴的动力引擎，才能有效地将人才、资金、土地、技术及产业汇聚起来，形成乡村振兴的新局面。

（三）人才需求类型

乡村振兴是今后乡村的主要发展目标，但农业供给侧结构性改革是发展主线的抓手，实现农业现代化是发展的基础。因此，乡村振兴的人才需求必须满足乡村整体推进的发展需求。这个需求就是党的十九大报告提出的"产业兴旺、生态宜居、乡风文明、治理有效、生活富裕"。2018 年"两会"期间，习近平总书记在参加山东代表团审议时提出"五个振兴"的科学论断："要坚持乡村全面振兴，抓重点、补'短板'、强弱项，实现乡村产业振兴、人才振兴、文化振兴、生态振兴、组织振兴，推动农业全面升级、农村全面进步、农民全面发展"。党的二十大报告中，习近平总书记也提出，要"培养造就大批德才兼备的高素质人才"。

1. 乡村产业振兴人才

产业振兴是前提，农村产业振兴人才既要满足可以带动产业兴旺的要求，又要满足农业供给侧结构性改革和农业现代化的要求。所谓市场意识即是能了解市场需求，对市场变化非常敏感，并能及时将市场动态反馈给生产者，帮助生产者提前调整农业产业结构，拟定生产计划，规避市场风险，有效把控成本；所谓品牌意识即是能迎合市场竞争需求，体现特色，突出品牌，赋予农产品内涵和附加值；所谓质量意识即能够坚持和推进程序标准化和质量绿色化的农业生产，不断提高农产品质量和食品安全标准满足市场的需求。这类人才中最具有代表性的是农村经纪人，他们是农业生产者与农产品市场联系的纽带，不仅了解市场经济、法规政策、经营管理和国际贸易，还具备良好的职业道德，诚实守信，合法经营。

农业农村的服务类人才。对于农村产业振兴，国家一直强调农村一二三产业要融合发展，大力开发农业多种功能，延长产业链、提升价值链、完善利益链，就是要从产业链上突破以往主农业单一产业发展的弊端，拓展农业产业化发展的内涵。从产业视角来看，主要包括农业加工业人才和农业服务业人才，既满足农产品精深加工的市场需求，又满足农业多功能的服务需求；从具体内容来看，大致包括农业科技人才、咨询人才、领头人、技术专家、企业家、创业者等。现代农业的发展对科技进步的依赖性日益增强，广大农村将会需要大量掌握农林牧渔业方面的知识和新材料等技术的农业科技人才与推广咨询人才。

乡村发展示范类人才。俗话说，"火车跑得快，全靠车头带"，同样，乡村振兴也需要挖掘一批能干的"带头人"或"村社能人"。他们可以是农村种养大户，或是农村龙头企业、农民合作社、家庭农场领头人，或者是回归农村的乡贤，是一批真正能引领乡亲共同致富、繁荣乡村的能人。

2. 乡村人才振兴人才

人才振兴是关键，乡村的人才振兴需要以下 3 个方面：一是农村教育类人才，这一类人才主要指的是懂得农村教育规律，善于教书育人的农村教育管理干部和广大教师。他们的使命主要是培养和教育乡村儿童、少年，为家乡建设贡献力量。但当前我国农村教育师资队伍数量严重不足，且水平不高、结构不合理，要想大力发展农村教育，急需一大批热爱农村教育事业，勇于献身农村教育的工作者。二是农业推广类人才，他们负责向农民传授科学文化知识，开展农民技能培训，提高农民的现代生活能力。三是人才管理服务类人才，主要指导县、乡、村的干部为乡村人才提供发展平台，为乡村能人创造发展机遇，为乡村"领头雁"打造培育土壤。

3. 乡村文化振兴人才

文化振兴是引领。乡村的文化振兴除了依靠农村教育类人才外，还要依靠以新型职业农民为主的现代农民、乡贤、新乡贤和小农素质的提升。新型职业农民一般具有较强的现代农业知识和现代农业发展意识，同时热爱农村、热爱农业。乡贤和新乡贤是乡村的能人，往往见多识广，思路开阔，既能传承传统文化，又能将乡村文化创新发扬。另外，乡村文化振兴是全体农民共同建构的结果，这需要小农通过农民素质教育和现代农业推广等方式共同发力，整体提升小农的素质水平，能够遵守党规党纪，遵守村规民约，遵守家规家训，传递并发扬"遵规守纪、邻里和睦、环境整洁、家庭和睦、诚信致富"的文化风气，实现乡村文化的继承与发展。

4. 乡村生态振兴人才

生态振兴是底色，习近平总书记说过："绿水青山就是金山银山。"乡村生态振兴需要全体农民的共同努力。一方面，在农业生产方式上，发扬传统农耕文明的优良传统，摒弃不可持续的农业生产方式。另一方面，强化生态环保意识的培养，携手共建美好家园。农民生态环保意识的培育需要大量的现代农业推广人才，将绿色、环保、可持续的生产生活方式和理念通过现代农业推广和传播的手段传递给广大农民。

5. 乡村组织振兴人才

组织振兴是基础，乡村组织振兴离不开农村管理人才，主要包括县委书记、乡镇干部、村干部等。党管农村工作是乡村振兴的基本原则，农村基层干部则是推动乡村振兴的核心力量。农村管理人才工作在基层第一线，是国家政策落地的执行者，是衔接乡村与国家的纽带。实施乡村振兴战略，需要打造一支能吃苦、会发展、肯奉献的高素质专业化干部队伍。选准配强村级党组织班子，既是增强农村基层组织、发挥战斗堡垒作用的基础，也是推进美丽乡村建设的关键。新时代对农村管理人员提出了更高的要求，农村也需要一大批思想解放、勇于实践、政治素质高、有文化、有技术、懂管理的高素质管理队伍。

第二节 乡村人才振兴的路径与策略

一、乡村人才振兴的路径

实现乡村振兴，要加深对"乡村振兴，关键在人"重要论断的理解。重视乡村人才工作，将乡村人才振兴工作摆在乡村振兴全局的关键位置，以人才治理乡村、发展产业、繁荣文化、保护生态，以人才完善乡村社会治理体系。要坚持乡村振兴工作的基本原则，在党建引领、人才观念、人才提质增量方式、人才制度等多个方面齐发力，为人才优化环境、拓展施展才能的空间。在物质、观念、制度等层面做好人才保障工作，开创乡村人才工作新局面，实现包括人才振兴在内的乡村振兴总体目标。

乡村振兴，人才是关键。乡村人才振兴是贯彻落实乡村振兴战略的必然要求，也是实现乡村振兴的重要路径之一。要想做好乡村人才工作，就要选好人才、育好人才、用好人才、留住人才，形成尊重人才的良好氛围，创新完善乡村人才政策与制度，使广大农村成为人才施展自身才华的空间。凝聚人才的磅礴智慧之力，发挥好人才在乡村振兴工作全局中的关键作用，以人才提升乡村发展速度，助力乡村全面发展、全面振兴。

二、乡村人才振兴的策略

（一）完善城乡人才双向流通机制

为了发展壮大乡村经济，我国需要进一步完善人才振兴计划，进一步引进城市人才，为乡村经济的发展注入新鲜血液。在该环节，地方政府应当建立起柔性化的城乡人才双向流通政策，完成对人才资源更加科学高效的配置。

同时政府部门也可以结合一系列硬性的指标，要求高校科研机构以及专业技术人才为乡村经济的发展提供相应的助力。政府部门可以制定一系列激励政策，并且给予创新创业的支持政策，使得乡村产业得以发展。除此之外，在实现人才振兴的过程中，相关部门、机构也需要完成乡土文化的建设，通过乡土文化来吸引广大的人才参与乡村经济的建设，并且积极制定好相应的返乡激励策略，给予返乡的创业精英相应的保障，例如，可以吸引优秀农民工、优秀大学生返乡创业，实现乡村经济发展，而乡村的领导班子也需要转变过往"唯资历任职"的人才选拔模式，尽可能完善乡村领导班子的人才结构，也可以积极引入第三方劳动服务中介，通过多种途径，实现劳动信息共享，将乡村产业的发展向广大社会群体进行传递传达，以此来实现乡村人力资源更加科学高效的流动。

（二）重视乡土人才的作用

我国需要进一步完善乡土人才队伍，实现乡村产业更加长远稳定的发展，将产业发展与人才发展有效结合，以人才为驱动力，促进乡村经济取得相应的发展突破，同时地方政府也需要了解乡村，并且将与农民具备深厚情感的本土人才进行科学有效地开发，为乡村经济发展创造活力，为乡土人才群的创建提供相应的助力，确保乡村经济能够长远稳定的发展。

（三）构建农村人才教育培训体系

当前为了实现对农村人才更加有效地培养培训，我国需要参照当前人才培育规格、培育机制以及人才的成长发展需求，重视乡村人才的扩充，构建体系化、综合化、灵活化的人才培育机制、培育体系，整合各种教育资源，依托当地的产业特色、产业特征，完成对专项人才的教育培训，采取因地制宜的培训策略，注重增强实践教育培训，并且在培训过程中充分利用好各种社会资源，如高校、科研机构、职业院校、网络平台，采取集中化培训、高效化培训、远程化培训，借助专家指导、产教融合等多种方式，完成对农村人才更加高效的培养，并且加强技术、科技、创业等多板块的培训工作，不断提高农村职业人才的专项技能，拓宽乡土人才的知识视野，加快人才的发展转型，促进传统农业快速高效地发展。除此之外，地方政府也需要选取优秀人才进入到高校以及科学院进行深入细致的学习，学习新理念、新技术、新思想，丰富知识储备，结合相关区域的经济发展情况，完成乡村产业、乡村经济的发展革新。

（四）加大政策支持力度，完成乡村人才事业平台的构建

地方政府应当加强专项平台的构建和打造，为乡村人才振兴战略计划的落地实施提供基本载体，通过打造专业化的平台，充分发挥乡村人才的实际价值和作用。地方政府机构应当在乡村振兴视域下完成对人才平台更加合理地打造，并且完善相应政策，激励乡土人才进入企业，促进乡村实体经济更加长远稳定发展壮大。同时相应的人才事业平台还需要完成科技成果的转换，将科

研机构的成果转化为乡村经济的生产力，促进乡村经济产业的发展，同时地方机构也需要完善社会化服务机制，为乡村人才发展成长提供良好的服务条件，实现农业化发展革新，打造专业化管理平台，完善优势产业，实现发展创新，例如可以完善乡村创业孵化平台，尽可能消除地域身份的限制，并且完成相应的人才数据库，结合乡村产业的实际发展需求，完成对更多专项人才更加科学合理地分配，确保每一位专项人才均能够在自身岗位上发挥出应有的作用。

（五）完善人才激励机制

地方政府应当参照乡村人才的职业发展特征以及职业发展需求，评估不同职业岗位、专业存在的差异，建立完善的人才激励机制、激励政策，尽可能以能力、业绩为主要导向，完成对农村人才更加科学高效地管控，实现对人才更加有效的录用、培训，同时引导人才完成职称评定，实现人才更加长远稳定的发展。除此之外，地方政府也需要进一步落实科学合理的薪酬分配制度，创造良好的人才任职条件，如完善技术职称评审方法，尽可能完成对更多创新型、技能型职业农民的培养、打造，拓宽农村精英人才团队，确保乡村经济的发展更加科学、高效，同时协助相关专项人才完成职业生涯规划，使其在乡村经济发展过程中能够发挥出应有的作用。

（六）做好人才振兴保障服务

要想确保相关专项人才能够义无反顾地投入乡村产业、乡村经济的发展建设进程中，地方政府应当为其提供更加优质、良好的产业服务，创建良好的社会环境，在此过程中，政府机构政府部门应当完善各项保障政策，在乡村产业规划以及各项社会保障服务的制定过程中做到有的放矢，尽可能注重乡村经济专项化发展，并且加大专业投资力度，完善乡村基础保障措施，如提高乡村的卫生水平，完善乡村文化教育事业，进一步开发乡村的公共文化服务，在政策、资金、技术方面给予大量的支持，帮助乡村人才解决在农村经营生产过程中所遇到的实际困难，完善各项保证政策，明确相应的人才保障待遇，使得各专项人才在乡村经济发展过程中能够大显身手且无后顾之忧。

除此之外，地方政府还应当在政治上给予乡村人才重视，同时提高乡村人才的社会地位，给予乡村人才相应的经济实惠，确保乡村人才在乡村振兴发展过程中能够发挥出应有的作用。

（七）调整供应链，提高乡村产业的吸引力

在乡村振兴的战略视角下，要想实现乡村人才振兴，除了需要加大政策引导，构建更加良好的乡村就业环境、创业环境外，我国还应当在产业规划、产业布局方面偏向乡村地区，完成基础的产业调整。如政府部门需要实现对农业行业的发展引导，通过调整供应链，力求在乡村产业端打造更加完善的结构体系，在乡村地区加强对上下游产业的开发力度，实现产业重心的调整，完成对农业产业供应链的结构优化。以经济市场的导向为助力，促进农村地区实现人才振兴，以此来解决技术难题、人才紧缺的难题。具体来说，在调整相关产业结构的过程中，地方政府机构需要开展顶层规划、顶层部署，通过一产带动二产、三产，打造繁荣的乡村产业格局，尽可能提高乡村产业的附加价值，完善产业保障体系（如农机、化肥、农药、生物），通过调整供应链，完善产业布局，吸引更多优质的企业进入乡村开发资源、发展经济。

第十一章　健全城乡融合发展
体制机制

第一节　城乡融合发展的时代背景

在社会主要矛盾已经发生深刻变化的背景下，党的十九大明确提出要"建立健全城乡融合发展体制机制和政策体系"，并在其后召开的 2017 年中央农村工作会议中，将"重塑城乡关系，走城乡融合发展之路"置于乡村振兴战略七条道路之首。《国家乡村振兴战略规划（2018—2022 年）》也再次明确要"加快形成工农互促、城乡互补、全面融合、共同繁荣的新型工农城乡关系"。可以说，重塑城乡关系、构建城乡融合发展体制机制关乎乡村振兴和国家现代化的质量。

一、城乡发展政策的演变

21 世纪以来，我国开始解决城乡发展均衡性问题，城乡发展政策经历城乡统筹—城乡一体化—城乡融合的演进过程。2003年 10 月，党的十六届三中全会明确提出统筹城乡发展，位于 5个统筹的首位，核心是要解决城乡收入差距加大、城乡之间发展不平衡、城乡居民享受公共服务不均等问题。政策更侧重于政府行为，由政府指导资源配置。2012 年 11 月，党的十八大报告明确提出"推动城乡发展一体化"，形成以城带乡、城乡一体的新型城乡关系，政策重心依然侧重于城市，以城市带动乡村的发展。党的十九大报告指出，推动实施乡村振兴战略，坚持农业农村优先发展，按照"产业兴旺、生态宜居、乡风文明、治理有效、生活富裕"的总要求，建立健全城乡融合发展体制机制和政策体系，加快推进农业农村现代化。把乡村作为与城市具有同等地位的有机整体，实现经济社会文化共存共荣，表明我国城乡关系发生了历史性变革，城乡发展进入了新的发展阶段。从"统筹城乡发展"到"城乡发展一体化"，再到"城乡融合发展"，既反映了党中央政策的一脉相承，又符合新时代的阶段特征和具体要求。

二、元壁垒是城乡关系向高级形态转变的阻力

目前，我国在许多领域城乡二元结构问题还较为突出，这种"二元结构"壁垒，源于早期城乡有别的治理体制、市场体系、工业化模式以及投入机制，多重制度设计导致农业和农村发展与城市发展的相互隔离，这些也决定了城乡区域融合的机制改革的长期性、艰巨性和复杂性。

首先，城市虹吸效应阻碍了城乡要素均衡流动，使得土地、资金、劳动力等要素不断向城市范围涌动，农村空心化、农地边际化等问题俨然成为偏远农村地区的常态。其次，城乡收入差距拉大增加了城市虹吸效应。据统计，2019 年城镇居民人均可支配收入为农村居民的 2.45 倍，城乡可支配收入仍有明显差距。中华人民共和国成立后长期实行优先发展重工业、农业支持工业、农村支持城市的政策，导致农村发展明显落后于城市，这使得依赖第一产业的农村地区"贫者"数量与日俱增。再次，生态文明建设尚处于困难期，城乡生态环境问题突出。城市空气污染等生态问题亟待解决；农村面源污染、垃圾填埋等人居环境不

容乐观，城乡突出的环境污染问题未得到根本性改善，给绿色发展与生态文明建设带来较大阻力。

三、推进新型城乡关系，促进城乡融合发展

习近平总书记曾强调，要把工业和农业、城市和乡村作为一个整体统筹谋划，促进城乡在规划布局、要素配置、产业发展、公共服务、生态保护等方面相互融合和共同发展。面对全球经济大变局和以国内大循环为主体的新发展格局大背景，"十四五"时期应把城乡融合高质量发展的重心放在构建新型工农城乡关系上。着力点是通过建立城乡融合的体制机制，形成工农互助、城乡互补、协调发展、共同繁荣的新型城乡关系，目标是逐步实现城乡居民基本权益平等化、城乡公共服务均等化、城乡居民收入均衡化、城乡要素配置合理化，以及城乡产业发展融合化。这样才能破除城乡要素流通不均衡、城乡收入差距明显、乡村基础设施与公共服务配置失衡等问题。新型城乡关系构建可从推进乡村振兴战略、国土空间规划、产业和谐发展、生态良好宜居4个方面助力，以形成新型工农城乡关系，搭建城乡融合发展新格局。

实施乡村振兴战略，开启城乡融合发展新局面。构建新型城乡关系，关键在农村。乡村振兴战略是党的"三农"工作实践的重大发展。农业、农村、农民问题，始终是一个关系党和国家工作全局的根本性问题。党的十九大提出，要实施乡村振兴战略，要坚持农业农村优先发展，按照产业兴旺、生态宜居、乡风文明、治理有效、生活富裕的总要求，建立健全城乡融合发展体制机制和政策体系，加快推进农业农村现代化。构建乡村振兴人才支撑机制、农村土地管理使用新机制、基本公共服务城乡均等化机制等政策体系有助于促进城乡一体融通、民心相通，推动乡村振兴战略工作做好、做实才能保障城乡和谐相融。

第二节　建立健全城乡融合发展体制机制

建立健全城乡融合发展体制机制和政策体系，是党的十九大作出的重大决策部署。改革开放特别是党的十八大以来，我国在统筹城乡发展、推进新型城镇化方面取得了显著进展，但城乡要素流动不顺畅、公共资源配置不合理等问题依然突出，影响城乡融合发展的体制机制障碍尚未根本消除。为重塑新型城乡关系，走城乡融合发展之路，促进乡村振兴和农业农村现代化，2019年，中共中央、国务院发布了《关于建立健全城乡融合发展体制机制和政策体系的意见》。

一、基本目标

到2022年，城乡融合发展体制机制初步建立。城乡要素自由流动制度性通道基本打通，城市落户限制逐步消除，城乡统一建设用地市场基本建成，金融服务乡村振兴的能力明显提升，农村产权保护交易制度框架基本形成，基本公共服务均等化水平稳步提高，乡村治理体系不断健全，经济发达地区、都市圈和城市郊区在体制机制改革上率先取得突破。

到2035年，城乡融合发展体制机制更加完善。城镇化进入成熟期，城乡发展差距和居民生活水平差距显著缩小。城乡有序流动的人口迁徙制度基本建立，城乡统一建设用地市场全面形成，城乡普惠金融服务体系全面建成，基本公共服务均等化基本实现，乡村治理体系更加完善，农业农村现代化基本实现。

到21世纪中叶，城乡融合发展体制机制成熟定型。城乡全面融合，乡村全面振兴，全体人民共同富裕基本实现。

二、建立健全城乡融合发展体制机制意义

第一，城乡融合发展是以人民为中心的内在要求。从农业转移人口看，一部分农村劳动力在城镇和农村流动，是我国现阶段乃至相当长历史时期都会存在的现象。现在有2亿多农民工和其他人员在城镇常住，应该尽量把他们稳定下来。如果长期处于不稳定状态，不仅潜在消费需求难以释放、城乡双重占地问题很难解决，还会带来大量社会矛盾风险。对已经在城镇就业但就业不稳定、难以适应城镇要求或不愿落户的人口，要逐步提高基本公共服务水平，使他们在经济周期扩张、城镇对简单劳动需求扩大时可以在城市就业，而在经济周期收缩、城镇对劳动力需求减少时可以有序回流农村。从农民看，不管城镇化发展到什么程度，农村人口还会是一个相当大的规模，即使城镇化率达到70%，也还有4亿左右的人口生活在农村。我们党成立以后就一直把依靠农民、为亿万农民谋幸福作为重要使命，要牢记亿万农民对革命、建设、改革作出的巨大贡献，把乡村建设好，让亿万农民有更多获得感，同全国人民一道迈入小康社会。

第二，城乡融合发展是解决社会主要矛盾的必然选择。从城乡关系层面看，解决发展不平衡不充分问题，要求我们更加重视乡村。不少人认为，只要城镇化搞好了，大量农民进城了，"三农"问题也就迎刃而解了。一定要认识到，城镇化是城乡协调发展的过程，不能以农业萎缩、乡村凋敝为代价，城镇和乡村是互促共进、共生共存的。目前，我国很多城市确实很华丽很繁荣，但不少乡村与欧洲、日本、美国等相比差距还很大。如果一边是越来越现代化的城市，一边却是越来越萧条的乡村，那根本不算实现了中华民族伟大复兴。

第三，城乡融合发展是国家现代化的重要标志。推进城乡发展一体化，是国家现代化的重要标志。我国现代化同西方发达国家有很大不同，西方发达国家是一个"串联式"的发展过程，工业化、城镇化、农业现代化、信息化顺序发展，发展到目前水平用了200多年时间；我们要后来居上，把"失去的二百年"找回来，决定了必然是一个"并联式"的过程，"四化"是叠加发展的。在工业化城镇化进程中，我国乡村的地位是值得深入思考的大问题。农业还是"四化同步"的短腿，没有农业现代化，没有农村繁荣富强，没有农民安居乐业，国家现代化就是不完整、不全面、不牢固的。到2035年基本实现社会主义现代化，大头重头在"三农"，必须向农村全面发展聚焦发力，推动农业农村农民与国家同步基本实现现代化。到21世纪中叶把我国建成富强民主文明和谐美丽的社会主义现代化强国，基础在"三农"，必须让亿万农民在共同富裕的道路上赶上来，让美丽乡村成为现代化强国的标志、美丽中国的底色。

第四，城乡融合发展是拓展发展空间的强大动力。我国城乡发展不协调的矛盾依然比较突出，但差距也是潜力。从农村看，农村住房条件普遍改善，很多地方盖起了漂亮的小楼，但污水垃圾遍地，道路泥泞不堪，公共设施投资严重不足。如期实现第一个百年奋斗目标并向第二个百年奋斗目标迈进，最大的潜力和后劲在农村。从城市看，高楼林立，大广场、宽马路气势恢宏，但设施老旧落后，城市管理不足，地下设施老化，棚户区、城中村大量存在，都需更新改造。总之，这些潜在的需求如果能激发出来并拉动供给，就会成为新的增长点，形成推动发展的强大动力。

第三节　城乡融合发展的基本模式

工业化、信息化、城镇化、农业现代化是城乡融合发展的总体背景，新时代是城乡融合发展面临的阶段性新特征。在新背景和新阶段下，城乡融合发展必须有新模式和新特点。借鉴国内外的实践经验，我国城乡融合发展模式应为：市场运作、政府主导；农民主体、社会参与；"五化"同步、创新驱动；因地制宜，特色发展。

一、政府主导，市场运作

城乡融合发展在部分地区已经取得了一些进展，新时代下，城乡融合发展要充分发挥市场的资源配置作用，更要发挥政府的主导作用。市场运作、政府主导体现在以下 4 个方面。

（一）政策支持

城乡发展离不开政府的政策支持。政府根据不同地区、不同阶段在资源、技术、资本、人才等方面的特点，整体部署、全面规划，系统性、针对性出台优惠措施和惠民措施，是城乡发展、社会公平的有力保障。十九大以来，以习近平同志为核心的党中央提出一系列促进城乡融合发展的政策措施，为城乡融合发展奠定坚实的政策基础。

（二）科学决策

科学决策需要政策具有持续性、需要政策通盘考虑社会现在和未来的需要、需要政策在目标、原则、动力、重点领域等方面具有一致性，这都离不开政府特别是中央政府的主导和协调。

（三）资源整合

城乡融合发展不能局限在一地一隅，必须整合各地地方的资源优势和人才优势。实现集约发展、互利共赢，必须市场运作、政府主导。

（四）人才培养

党的十九大报告指出，"培养造就一支懂农业、爱农村、爱农民的'三农'工作队伍"。习近平总书记在党的二十大报告中指出，"培养造就大批德才兼备的高素质人才，是国家和民族长远发展大计"，并对深入实施新时代人才强国战略作出全面部署。

二、农民主体，社会参与

城乡融合发展离不开社会的积极参与。城乡融合发展不仅需要政府政策和财政支持，还需要发挥农民的主体作用，更需要鼓励社会参与，群策群力，调动社会资源。农民主体、社会参与主要体现在以下 2 个方面。

（一）社会监督

基层工作十分复杂。中央和地方政府的政策，可能会由于基层干部理解不到位、群众未能全面权衡利弊得失等原因，在执行上出现偏差，出现好政策无效果甚至反效果的局面。这就需要社会各界特别是农民发挥社会监督职能，及时纠偏纠错，确保政策落实。

（二）社会投入

鼓励民间资本、非营利组织等参与促进城乡融合发展的基础设施、医疗文体项目建设，有利于弥补政府资金不足，也有利于带动社会参与城乡融合发展的积极性。

三、"五化"同步，创新驱动

我国过去几十年的发展，得益于劳动和资本等要素的高速积累，是较为典型的"要素驱动"模式。但"要素驱动"模式注定不可持续。新时代下，城乡发展一体化必须"五化"同步、创新驱动。主要体现在以下3个方面。

1. 科技创新

农业产值低、生产率低，是制约农村发展的重要因素。但新时代下，这些不利因素反而可能成为新的经济增长点。物联网、电子商务等新技术正在改变现有的经济格局，物质文化的丰富使得社会更加关注食品安全和饮食健康。抓住机遇、努力创新，农业和农村都会取得高速发展。

2. 政策创新

李克强多次指出，"大众创业、万众创新"是中国经济新的发动机。创业和创新离不开政府政策创新。政府应积极推进税收、金融、技术、信息等方面的政策创新，降低创业门槛，培育创新土壤，呵护创业环境，让创新为城乡融合发展添砖加瓦。

3. 制度创新

近年来，政府多次出台文件，简政放权，疏通"堵点"、消除"痛点"、覆盖"盲点"，助力经济发展。消除"冗政""繁政"，实属必要，但也不应忽视制度创新。积极进行制度建设，把经济活动、政府活动纳入法律和制度的框架，让制度规范、适应、引导城乡融合发展，应成为政府制度化建设的重要内容。

四、因地制宜特色发展

新时代下的城乡融合发展发展，必须坚持因地制宜，特色发展。各地的建设经验表明，在操作层面，不存在一个一般性的、适用于所有地区的城乡融合发展模式。西部地区有人口优势、环境优势，东部地区有技术优势、资金优势，各地应该根据自身的情况，选择合适的发展模式。因地制宜，特色发展主要体现在以下3个方面。

1. 符合传统习惯和社会风俗

有的地区在发展过程中，形成了独特的文化氛围和生活习惯，这些地区的城乡融合发展就不能仅仅将目标定在人均收入、公共服务等方面，更要考虑传统文化和风俗的保存和发展。

2. 塑造独特的风格和理念

有的地区在历史发展中，社会风俗和其他地方相似，但仍然有自己独特的人文地理、历史风物。城乡融合发展可以围绕当地地理名胜、文化遗产等，将城市和农村建设成为有浓郁人文韵味的、互相认同的标志性地区。

3. 发掘自身的比较优势

有些地区可能在人文历史、资源环境方面都不具有优势，但也可以充分发掘自己和周边地区的比较优势，最终将相对优势转化为绝对优势。

总之，我国的城乡融合发展进入了新的阶段。坚持协调发展成为我国经济发展的一个指导原则。新形势和新理念必然要求城乡融合发展在目标、动力机制、重点领域和发展模式上有所突破。城乡融合发展的目标应包括制度统一、流动顺畅、经济增长、环境改善、各具特色、互为补充、和谐美好；基本原则应包括科学发展原则、以人为本原则、实事求是原则、坚守底线原则、统筹兼顾原则、形式灵活原则、权利平等原则；动力机制主要包括转变农业发展方式、加大惠农政策力度、全面深化农村改革、基层民主和基层自治制度改革；重点领域主要包括教育公平、公共服务平等、完善社会保障、发展农业科技；基本模式包括政府主导、市场运作，农民主体、社会参与，"五化"同步、创新驱动，因地制宜、特色发展。

第四节　我国城乡融合发展的具体路径

一、走中国特色农业现代化道路

农业是国民经济的基础，是关系国计民生的根本性问题。作为一个发展中国家，我国必须始终把发展农业作为立国之本，作为提高农民收入水平的重要举措，作为推动实现城乡融合发展目标的重要力量。在当前条件下，为实现上述目标，必须走中国特色的农业现代化道路。

进入中国特色社会主义新时期以来，党和政府对农业现代化的发展也越来越重视，要求也越来越明确。

具体而言，中国特色的农业现代化是指用现代物质条件装备农业，用现代科学技术改造农业，用现代产业体系提升农业，用现代经营形式推进农业，用现代发展理念引领农业，用培养新型农民发展农业，提高农业水利化、机械化和信息化水平，提高土地产出率、资源利用率和农业劳动生产率，提高农业素质、效益和竞争力。换句话说，实现我国农业现代化的过程，就是改造传统农业、不断发展农村生产力的过程，就是转变农业增长方式、促进农业又好又快发展的过程。

二、发达地区以全域城市化为中心实现城乡融合发展

新技术变革正在加快城市化进程。在我国东部发达地区，城市化已经走过了单一城市聚集的阶段，进入到城市群、都市圈协同发展的新阶段。在东部发达地区可以实施全域城市化的城乡融合发展战略。

全域城市化的城乡融合发展，基本前提是依托产业发展、人

口迁移和管理制度的变革，主要在发达地区市域或者县域来推行实施。

一是通过产城融合来解决城市产业发展的空间问题和农村产业的匮乏问题，当前的路径是通过城郊的轨道交通，把城市中心区与周边地区密切连为一体，这样能够防止城市的产业空心化和农村产业失去城市的依托。二是城市发展中地价、劳动力价格上升促使工业产业等退出城市，而郊区的城市化可以为这些产业提供发展空间。三是伴随开发区的重组，老旧开发区向产业新城转变，实现产城融合，也为城郊地区带来了发展的希望。

三、生态建设和产业集聚也是全域城市化的重要路径

"两山"理念是生态建设型全域城市化道路的理论依据。生态建设型道路主要针对生态条件良好、自然资源丰富、经济发展水平较高的地区来实施，江苏、浙江、福建、广东等地已经具备了基本的条件。产业集聚型全域城市化则主要针对承接产业转移较多的县域，在经济规模和产业结构上具有优势的区域。其中县域的全域城市化主要针对百强县来实施，具有更高的可操作性和示范意义。

四、欠发达地区以乡村振兴为中心实现城乡融合发展

我国西部地区大多属于欠发达地区，中部也有相当一部分地区的发展水平与东部沿海地区有较大差距。欠发达地区以乡村振兴为中心实现城乡融合发展的主要理由如下。

（一）要解决城乡统筹的反贫困问题

多年来，本地化的扶贫政策一直是主导方向，直接分配到户的转移支付，以村为单位的整村推进项目，贫困县摘帽等，都具备了相同的性质。然而，本地化脱贫之后的农民，如果进入城市

务工，由于城乡经济差距等门槛的阻碍，可能成为潜在的城市贫困人口。如果仿照农村扶贫标准划定城市贫困线，就需要解决农民进入城市后的城市社保等一系列问题。"十四五"时期，解决城乡统筹的反贫困问题将提到日程上来，避免绝对贫困在城市反弹是一个重要的任务。

（二）在欠发达地区要实施利贫性的经济增长

经济增长与反贫困的关系，离不开经济增长与收入分配的关系。需要探索宏观经济增长惠及到欠发达地区的全体低收入人口的路径。因此，欠发达地区的城乡融合要关注产业结构升级、城镇化和劳动力流动等经济现象，将传统经济增长方式与高质量经济发展结合起来，使这些地区的经济增长更加有利于低收入人群。

（三）新技术变革带来的影响将惠及城市化等方方面面

产业结构升级的减贫效应，是把产业结构调整的视野放宽到低收入人口的就业与收入上；城镇化的减贫效应，是研究人口城镇化过程中的人口转移模式对反贫困的影响，包括新型社区建设对低收入人口的生活保障。劳动力流动需要从保障经济社会发展新格局的形成去看反贫困效应。

主要参考文献

甘黎黎，2021. 中国农村生态环境协同治理研究［M］. 南昌：江西人民出版社.

李根东，2022. 农村人居环境整治［M］. 北京：中国环境出版集团.

王国斌，2022-7-12. 抓好农村基层党组织建设［N］. 人民日报（5）.

翁鸣，2022. 农村党建与乡村治理［M］. 北京：中国农业出版社.

夏训峰，席北斗，王丽君，2018. 农村环境综合整治与系统管理［M］. 北京：化学工业出版社.

杨赵河，2020. 农村人居环境整治知识有问必答［M］. 北京：中国农业出版社.

张晓艳，2022. 乡村治理共同体建设研究［M］. 北京：人民出版社.